电子商务网站建设

——PHP＋MySQL 项目开发教程

主　编　沈蕴梅

北京理工大学出版社
BEIJING INSTITUTE OF TECHNOLOGY PRESS

内 容 提 要

PHP是一种服务器端的、嵌入HTML的脚本语言。通过它，用户可以快速、高效地开发出Web服务器应用程序。本教材由浅入深、循序渐进，采取典型的项目载体，采取课内外项目并行、工作过程项目化的模式，系统地介绍和训练了初识PHP，PHP基础，流程控制，数组、函数与字符串、文件与目录，面向对象程序设计，表单设计，MySQL数据库，PHP与MySQL的编程等高级编码技术和方法。为了便于读者全面掌握程序设计技术和规范，深刻体会编程的乐趣，最后给出一个综合性的实战项目，全面讲述了Web应用系统的开发全过程。

本书的单元内容和项目完全对照高等院校学生实际的能力要求，是编者在多年实践教学过程中总结提炼而成的。本书采取新的"工作过程项目化"的教学流程进行内容重组，通过示例讲解知识点和技能点，课内主训一个项目、课外并行实战一个项目，通过项目导入（导入课内训练项目的项目场景、引导问题）、技术与知识准备（讲练课内主讲项目或示例）、项目训练（完成课内训练项目）、平行项目训练（完成平行项目）的流程实现本书单元内容编写。

本书将提供配套教学课件和各单元源代码程序，以供读者参考。

图书在版编目（CIP）数据

电子商务网站建设：PHP + MySQL项目开发教程/沈蕴梅主编. —北京：北京理工大学出版社，2018.1

ISBN 978-7-5682-4908-9

Ⅰ.①电…　Ⅱ.①沈…　Ⅲ.①PHP语言-程序设计②关系数据库系统　Ⅳ.①TP312.8②TP311.138

中国版本图书馆CIP数据核字（2017）第248897号

出版发行／北京理工大学出版社有限责任公司
社　　址／北京市海淀区中关村南大街5号
邮　　编／100081
电　　话／（010）68914775（总编室）
　　　　　（010）82562903（教材售后服务热线）
　　　　　（010）68948351（其他图书服务热线）
网　　址／http：//www.bitpress.com.cn
经　　销／全国各地新华书店
印　　刷／三河市华骏印务包装有限公司
开　　本／710毫米×1000毫米　1/16
印　　张／8.25　　　　　　　　　　　责任编辑／王玲玲
字　　数／158千字　　　　　　　　　　文案编辑／王玲玲
版　　次／2018年1月第1版　2018年1月第1次印刷　　责任校对／周瑞红
定　　价／35.00元　　　　　　　　　　责任印制／李　洋

图书出现印装质量问题，请拨打售后服务热线，本社负责调换

前　言

PHP 是一种服务器端的、嵌入 HTML 的脚本语言。通过它，用户可以快速、高效地开发出 Web 服务器应用程序。

本书主要基于岗位技能、软件流程和规范，采取了“工程过程项目化”的编写模式进行编写，是教学团队结合“产教融合、产学并行”的教学改革和实践总结出来的教学模式和教学内容的展现。团队经过内容筛选和提炼后，将典型项目作为教学内容载体，更适合以应用能力为本位的应用本科的教学、训练的要求。

本书通过项目导入提出问题，通过技术与知识准备解决问题并使学生掌握相应的技术和方法，然后回到项目训练中完成项目，再通过并行项目进一步训练，达到巩固和举一反三的训练效果，实现了课内外项目并行推进的教学形式。本书内容打破了传统的学科章节和硬项目化编写形式，采取了产学并行的形式进行内容组编，全书分成 10 章，最后一个章节通过综合项目训练学生技能，进一步提高学生应用实践的能力，体现了“做中学、学中产”的实训教学思想。本书主要内容如下：

第 1 章　初识 PHP

第 2 章　PHP 基础

第 3 章　流程控制

第 4 章　数组、函数与字符串

第 5 章　文件与目录

第 6 章　面向对象程序设计

第 7 章　表单设计

第 8 章　MySQL 数据库

第 9 章　PHP 与 MySQL 的编程

第 10 章　综合项目实训

本书由沈蕴梅、金静梅、俞国红三位教师编写，沈蕴梅负责统稿并担任主编，苏州吉耐特信息科技有限公司孔小兵、江苏微软技术中心朱新立两位工程师参与了本书的编写过程，本书属于校企合作教材。

本书根据技术模块设置单元，根据典型项目设计内容载体，通过课内外两个项目并行推进来提高学生的应用能力和创新能力，具有实战性、可操作性、新颖新、通俗性和项目过程化的特点，更加激发学生学习兴趣和主动性。

由于时间仓促，再加上编者水平有限，书中难免有疏漏之处，敬请广大读者批评指正。

目　录

第 1 章

初识 PHP

本章要点

· PHP 的发展史、语言特性
· 搭建 PHP 开发环境
· PHP 项目的创建、编辑、运行及测试

技能目标

· 能区分各种不同的动态开发语言
· 能搭建 PHP 开发环境，并熟悉服务器的启动步骤
· 能使用 Dreamweaver CS6 编辑、运行、测试 PHP 程序

1.1　项目导入

【项目场景】

小王是一个理工科大学的大四毕业生，想去软件公司面试，面试官让小王编写一个 PHP 程序，显示“欢迎小王加入 PHP 团队!”。效果如图 1.1 所示。

图 1.1　项目运行效果

【问题引导】

(1) 如何搭建 PHP 开发环境?

(2) 如何启动服务器?

(3) 如何编辑运行 PHP 程序?

(4) PHP 用什么代码编辑工具?

1.2 技术与知识准备

1.2.1 PHP 简介

目前开发动态网站的主要技术有 ASP. NET、JSP、PHP、ASP 等，PHP 是一种在服务器端执行的多用途脚本语言。PHP 开放源代码且可嵌入 HTML 中，尤其适合动态网站的开发，现在被很多的网站编程人员广泛应用。

PHP 语言流行的主要原因是它的众多优秀特性，具体如下：

1. 免费开源，自由获取

PHP 是一种免费开源的语言，用户可以自由获取最新的 PHP 核心引擎和扩展组件，甚至可以得到 PHP 核心引擎的源代码，并根据需求部署适合的 PHP 环境。

2. 跨平台

PHP Web 系统可在 UNIX/Linux、Win32、Mac 等系统上自由移植。它还拥有非常强大的组件支持功能，开发一个普通的项目几乎不再需要收集和查找组件，只需要在 PHP 的引擎中开启即可。

3. 速度

PHP 的函数运行速度快于 ASP/ASP. NET。

4. 功能性

PHP 支持最大范围的数据库系统，并可扩展。

1.2.2 开发环境

本教材所用的 PHP 开发环境为 WAMP 环境：Windows + Apache + MySQL + PHP，PHP 代码编辑工具使用 Dreamweaver CS6 版本。

(1) 在自己的笔记本上安装 Dreamweaver CS6。

(2) 认识 PHP、Apache 和 MySQL。

①PHP：是一种在服务器端执行的嵌入 HTML 文档的脚本语言。

②Apache：是一个开放源代码的网页服务器 (Web 服务器)。

③MySQL：是一个精巧的 SQL 数据库管理系统。

(3) PHP + Apache + MySQL 的安装。

有两种方法：

①单个安装并进行配置；

②整合安装 WampServer。

本教材使用的是第②种方法。

所用软件见提供的电子资源。

1.2.3　PHP、ASP. NET、JSP 比较

JSP 是 Sun 公司推出的新一代网站开发语言，是 Sun 公司借助自己在 Java 上的不凡造诣，继 Java 应用程序和 Java Applet 之后的新的硕果——JSP（Java Server Page）。JSP 可以在 Serverlet 和 JavaBean 的支持下，完成功能强大的站点程序。

ASP. NET 是 Microsoft. NET 的一部分，作为战略产品，其不仅仅是 Active Server Page（ASP）的下一个版本，还提供了一个统一的 Web 开发模型，其中包括开发人员生成企业级 Web 应用程序所需的各种服务。ASP. NET 的语法在很大程度上与 ASP 兼容，同时它还提供一种新的编程模型和结构，可生成伸缩性和稳定性更好的应用程序，并提供更好的安全保护。可以通过在现有 ASP 应用程序中逐渐添加 ASP. NET 功能的方法，随时增强 ASP 应用程序的功能。ASP. NET 是一个已编译的、基于 . NET 的环境，可以用任何与 . NET 兼容的语言（包括 Visual Basic . NET、C# 和 JScript . NET. ）创作应用程序。

三者优缺点比较见表 1. 1。

表 1. 1　ASP. NET、JSP、PHP 比较

语言	优点	缺点
ASP. NET	1. 简洁的设计和实施。 2. 语言灵活，并支持复杂的面向对象特性。 3. 开发环境	1. 数据库的连接复杂。 2. 不具有跨平台性，只支持 Windows 平台
JSP	1. 一处编写随处运行。 2. 系统的多平台支持。 3. 强大的可伸缩性。 4. 多样化和功能强大的开发工具支持	1. 与 ASP 一样，Java 的一些优势正是它致命的问题所在。 2. 缺少系统性的资料。 3. 开发速度超慢
PHP	1. 一种能快速学习、跨平台、有良好数据库交互能力的开发语言。 2. 简单轻便，易学易用。 3. 与 Apache 及其他扩展库结合紧密。 4. 良好的安全性	在 Windows 平台运行的安全性和稳定性不如 UNIX/Linux

1.2.4　第一个 PHP 文件

使用 Dreamweaver CS6 完成网站站点的创建工作。

（1）在 C 盘下新建文件夹，取名为“myweb”。

（2）启动 Dreamweaver CS6。

方法一：单击“开始”→“程序”→“Adobe Dreamweaver CS6”命令。

方法二：若桌面上有 Dreamweaver CS6 快捷方式，双击快捷方式即可完成启动工作。

（3）建立本地动态站点 mywebsite。

【步骤1】使用菜单“站点”→“新建站点”命令，在弹出的“站点设置对象”对话框中输入自己的站点名和站点所对应的文件夹，如图 1.2 所示。

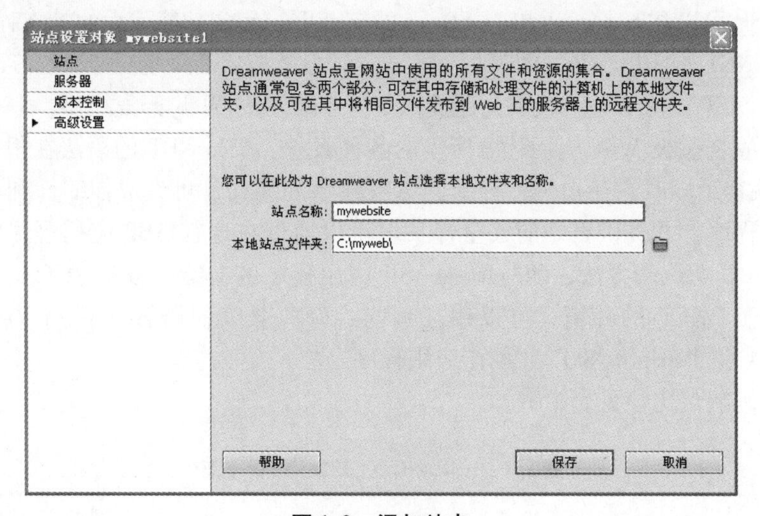

图 1.2 添加站点

【步骤2】单击“站点”下“服务器”选项，如图 1.3 所示。单击图中的“+”按钮，添加服务器。

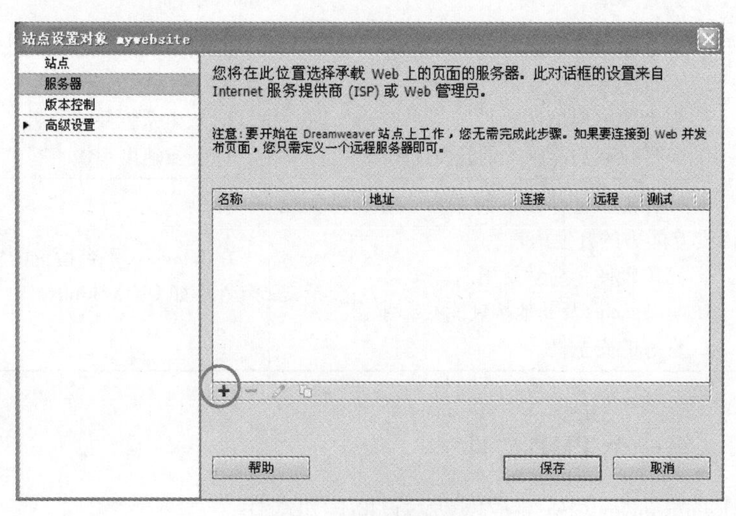

图 1.3 添加服务器

【步骤 3】在“基本”选项卡内设置新服务器的基本内容，如图 1.4 所示。

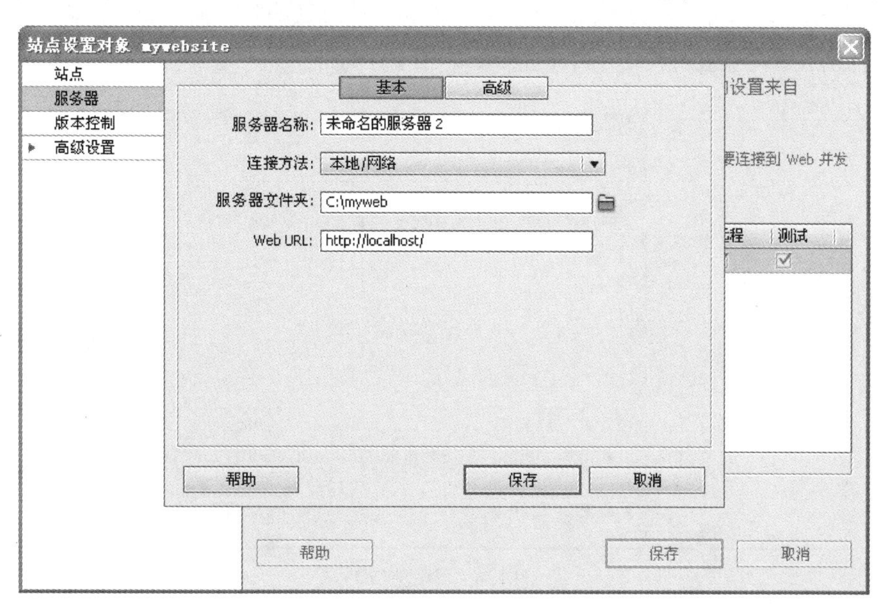

图 1.4　服务器基本选项设置

【步骤 4】单击“高级”选项卡，在“测试服务器”处选取服务器模型为“PHP MySQL”，其他取默认设置，如图 1.5 所示。

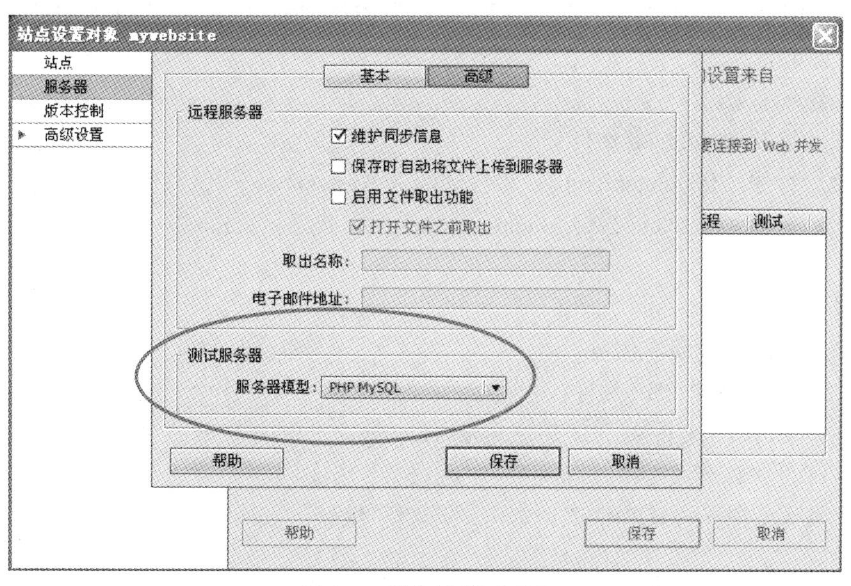

图 1.5　服务器模型设置

【步骤 5】单击“保存”按钮，在弹出的对话框中勾选“测试”复选框，然后单击“保存”按钮，完成站点的创建，如图 1.6 所示。

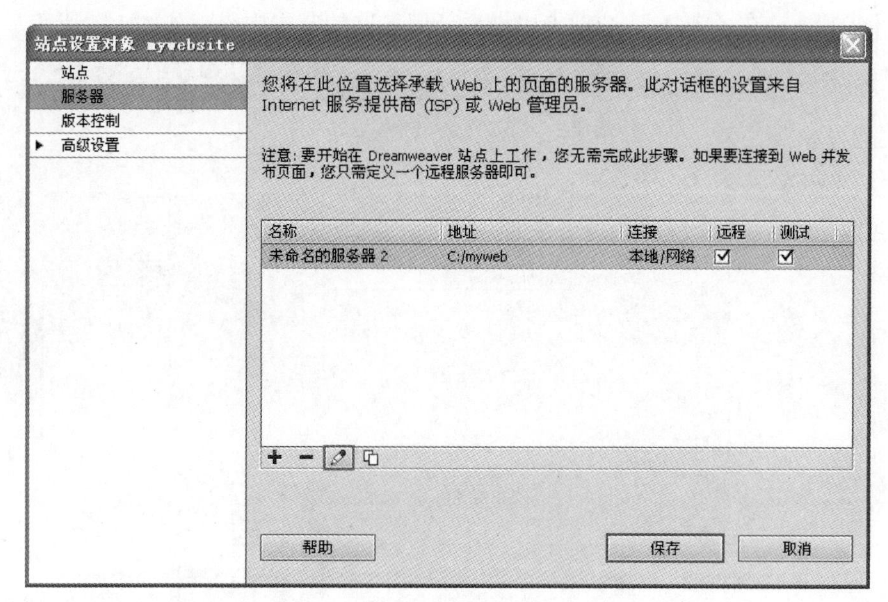

图 1.6　测试打钩

【步骤 6】修改 Apache 的配置文件，改变网站的保存路径。

默认情况下，网页文件需要保存到 wamp 软件的安装路径中的 www 文件夹下，若网页文件没有放在这个文件夹下，则需通过修改 Apache 的配置文件进行改变。

这里网页文件的保存目录为 C:\myweb（若是别的目录，则下面的修改中改成对应的即可）。

设置方法为：

（1）打开 httpd. conf 文件；

（2）查找“DocumentRoot”，将找到的 X:\wamp\www\，替换为 C:\myweb\；

（3）查找 <Directory“X:\wamp\www\”>，将 X:\wamp\www\，替换为 C:\myweb\；

（4）保存 httpd. conf 文件；

（5）重新启动所有服务。

【步骤 7】新建 PHP 文件。

在 C:\myweb 文件夹下新建文件夹 chapter01。单击菜单“文件”→“新建”命令，打开“新建文档”对话框，左边选择“空白页”，页面类型选择“PHP”，右侧文档类型选择“HTML 5”，单击“创建”按钮，如图 1.7 所示。

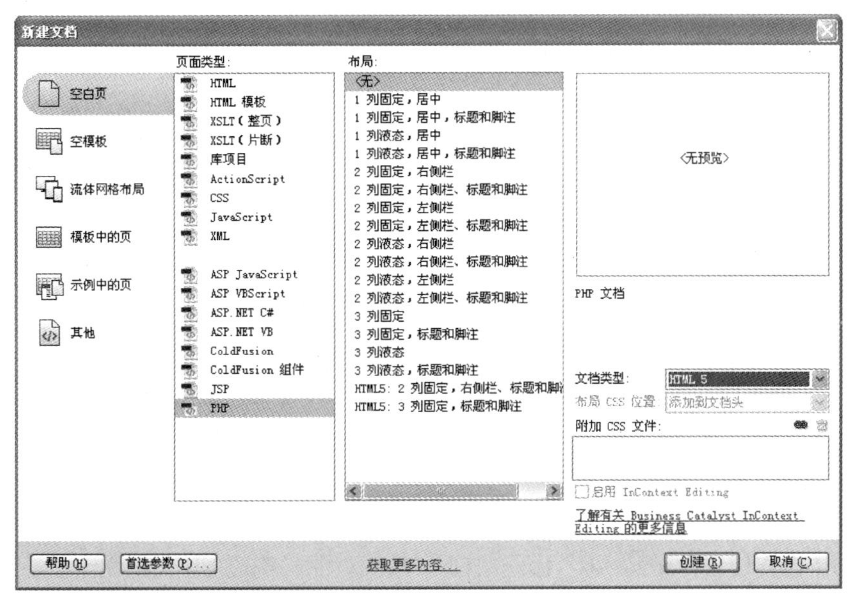

图 1.7　新建页面

【步骤 8】新建的文件默认代码如下所示，保存文件为 ex1_1.php，保存到 chapter01 文件夹下。

```
<!doctype html>
<html>
<head>
<meta charset="utf-8">
<title>无标题文档</title>
</head>

<body>
</body>
</html>
```

【步骤 9】在代码的 <body> 与 </body> 间输入如下代码：

```
<?php
    echo"欢迎使用 PHP!";
?>
```

【步骤 10】预览结果，如图 1.8 所示。

图 1.8 欢迎页面

1.2.5 PHP 语法结构

PHP 文件就是一个简单的文本文件，因此用户可以使用任何文本工具对它进行编写，如记事本、Dreamweaver 等。本教材使用的是 Dreamweaver 6.0 作为文本编辑工具。

PHP 语言使用标记将 PHP 代码块嵌入 HTML 中，构成 PHP 动态网页。引擎是通过 PHP 标记来区分 PHP 代码与 HTML 的。通常有四种标记风格：

1. XML 标记风格（常用）

```
<?php
  … //PHP 代码
  ?>
```

2. 短标记风格

```
<?
      …
  ?>
必须将配置文件 php.ini 中的 short_open_tag 设置为 on
```

3. ASP 标记风格

```
<%
   …
%>
```

4. Script 标记风格

```
<script language ="php">
  …
</script>
```

PHP 中的注释有两种：

①多行注释：/＊ … ＊/；

②单行注释：//或#。

举例：

```
<?php
    echo  "欢迎","使用 PHP!";//输出内容
    /* echo  '你好';
     echo  "我会使用 PHP 了!"
    */
?>
```

1.3　项目训练

通过对以上内容的学习，了解了 PHP 环境的搭建及 PHP 项目的创建、编辑和运行，现在回到项目导入的任务中来。

【步骤 1】创建站点 mywebsite，站点文件夹为 C:\myweb。

【步骤 2】修改 Apache 的配置文件，改变网站的保存路径。

【步骤 3】使用菜单“文件”→“新建”命令，弹出如图 1.9 所示的对话框，页面类型选择“PHP”，文档类型选择“HTML 5”，单击“创建”按钮。

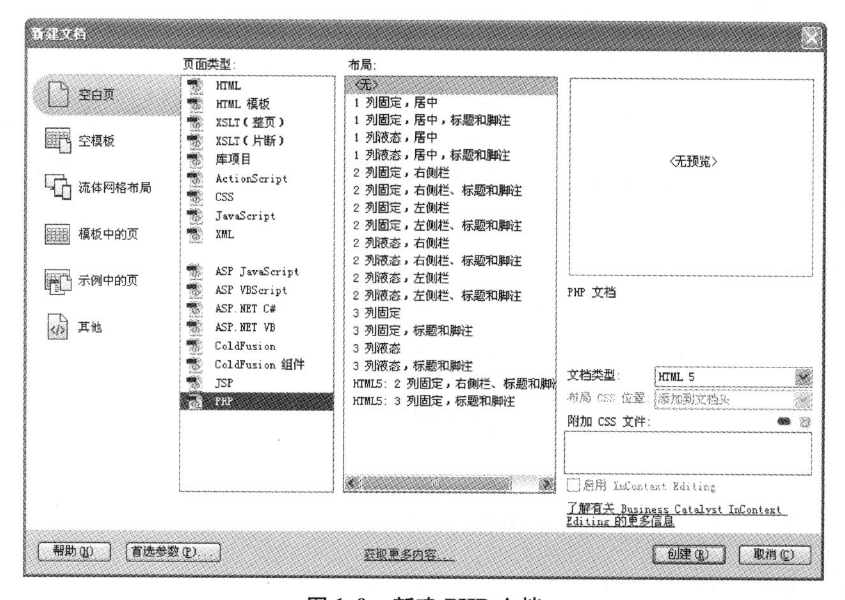

图 1.9　新建 PHP 文档

【步骤 4】在代码视图中编写如下代码：

```
<?php
echo"欢迎小王加入 PHP 团队!";
?>
```

【步骤 5】使用菜单“文件”→“保存”命令，弹出如图 1.10 所示的对话框，在“保存在”中选择“C:\myweb\chapter01”，文件名为“welcome”，保存类型选择“PHP Files”，单击“保存”命令。

图 1.10　保存 PHP 文档

【步骤 6】保存后，在文件面板中就出现 welcome. php 文件，如图 1.11 所示。

图 1.11　文件面板

最终效果如图 1.1 所示。

1.4　平行项目训练

1. 训练内容

设计一个“商店计费打折器”，运行效果如图 1.12 所示。

图 1.12　商店计费打折器运行效果

2. 训练目的

（1）进一步训练和巩固学生对 PHP 开发环境的了解；

（2）使学生对 PHP 页面的创建、编码和运行有一个比较深刻的印象和认识。

3. 训练过程

【步骤 1】新建页面，保存为 Calculator. php。

【步骤 2】编写代码，如下所示：

```
<?php
$price =500;
$Cprice =$price*0.9;
echo"商品原价是:".$price."元<br>";
echo"打 9 折后促销价是:".$Cprice."元";
?>
```

运行结果如图 1.12 所示。

1.5　总结

本单元通过简单项目示例，介绍了 PHP 的特性、开发环境及其与 ASP. NET、JSP 的优缺点比较，并详细介绍了 PHP 环境的配置，以满足项目实现的需求；通过贯穿项目“欢迎小王加入 PHP 团队!”和平行项目“商店计费打折器”系统地学习了文件的创建、代码的编辑及运行，使学生对学习 PHP 程序设计增强了信心和兴趣。

1.6 习题

1. 如何配置 PHP 环境？
2. PHP、ASP. NET、JSP 的优缺点分别有哪些？

第 2 章

PHP 基础

本章要点

· PHP 的数据类型
· PHP 的常量和变量
· PHP 的运算符

技能目标

· 能选择合适的 PHP 开发环境和集成开发工具
· 能使用 Dreamweaver CS6 编辑、运行、测试 PHP 程序
· 能完成“圆形面积计算器”

2.1 项目导入

【项目场景】

小王去新单位实习后，第一个任务是完成“圆形面积计算器”，要求输入圆的半径，能够计算出其面积。效果如图 2.1 所示。

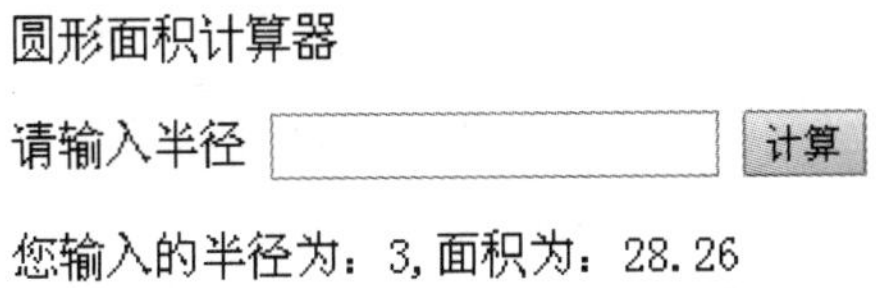

圆形面积计算器

请输入半径 [ ] 计算

您输入的半径为：3,面积为：28.26

图 2.1　项目运行效果

【问题引导】

(1) 如何获取文本域的值?
(2) 如何计算圆形面积?
(3) 如何输出运行结果?

2.2 技术与知识准备

学习一门语言，首先要学习这门语言的语法基础，PHP 也不例外。PHP 的语法基础是 PHP 的核心内容。不论是网站制作，还是应用程序开发，没有扎实的基本功都是行不通的。

2.2.1 数据类型

数据类型是对各种数据形态的描述，如整型、浮点型等。在计算机中，数据类型的不同决定了所占内存存储空间的大小，使用什么样的数据类型要根据实际情况而定，基本原则是既不要浪费存储空间，又不要丢失数据。在 PHP 中，支持 8 种数据类型，这 8 种数据类型又可以分为三类，分别是简单类型、复合类型和特殊类型。

1. 简单类型

boolean（布尔型）：这是最简单的类型，只有两种取值，可以为 TRUE/true 或 FALSE/false，不区分大小写。

integer（整型）：整型值可以使用十进制、八进制或十六进制表示，前面可以加上可选的符号（ - 或者 + ）。八进制表示数字前必须加上 0（零），十六进制表示数字前必须加上 0x。

float（浮点型，也称作 double）：是有小数点或是指数形式的数字。

string（字符串）：字符型变量不同于其他编程语言有字符与字符串之分，在 PHP 中，统一使用字符型变量来定义字符或者字符串。

2. 复合类型

array（数组）：数组型变量是一种比较特殊的变量类型，将在后续章节中详细说明。

object（对象）：对象也是一种特殊的数据类型。要创建 object 变量，需使用 new 关键字。

3. 特殊类型

resource（资源）：源是一种特殊变量，是保存到外部资源的一个引用。资源是通过专门的函数来建立和使用的。

NULL：表示一个变量没有值。NULL 类型唯一可能的值就是 NULL。

2.2.2 常量

常量是在程序执行期间无法改变的数据。常量一般用大写字母表示。

语法格式：define("常量名","常量值")

说明：常量定义时不需加“ $ ”。常量是全局的，可以在脚本的任何位置引用。

举例：

```
<?php
  define("PI",3.14159);
  echo PI;
?>
```

2.2.3　变量

变量是指在程序运行过程中可以改变的量。变量的作用是存储数据。变量必须以“$”开头；变量名的第二个符号必须是字母或下划线，后面可以是字母、数字或下划线的组合；变量名严格区分大小写，若两个变量字母相同，只是大小写不同，则被视为两个变量。

例如：

```
<?php
$a =1;
$_ab12c =100;
?>
```

变量根据其作用范围，可分为两种：局部变量和全局变量。

局部变量只在程序的局部有效，它的作用域分为两种。在当前文件主程序中定义的变量，其作用域限于当前文件的主程序，不能在其他文件或当前文件的局部函数中起作用。在局部函数或方法中定义的变量仅限于局部函数或方法，在文件的主程序、其他函数、其他文件中无法引用。

与局部变量相反，全局变量可以在程序的任何地方被引用，但是在用户自定义函数内部是不可用的。想在用户自定义函数内部使用全局变量，只要在变量前面加上关键字 global 声明即可。

2.2.4　运算符

运算符是用来对变量、常量或数据进行计算的符号，它对一个值或一组值执行一个指定的操作。PHP 有算术运算符、字符串运算符等，具体见表 2.1。

表 2.1　运算符一览表

运算符类别	运算符	举例
算术运算符	加（+）、减（-）、乘（*）、除（/）、取模（%）	$n1 =5/3；//除法，结果为 1.6666… $n2 =5%3；//取余，结果为 2

续表

<table>
<tr><th>运算符类别</th><th>运算符</th><th>举例</th></tr>
<tr><td>字符串运算符</td><td>PHP 有两个字符串运算符：“.”和“.=”</td><td>echo"欢迎您来到"."太仓!";
//输出结果为“欢迎您来到太仓!”
$a="江苏";$a.="苏州";echo $a;
//输出结果为“江苏苏州”</td></tr>
<tr><td>赋值运算符</td><td>将右边的值赋给左边的变量，有=、+=、-=、*=、/=、.=</td><td>$a=5;$a*=3;//$a 的值为 15
$b=4;$b=$b/2;//$b 的值为 2</td></tr>
<tr><td>位运算符</td><td>& 按位与（$a 和 $b 都为 1 的位设为 1）
| 按位或（$a 或 $b 为 1 的位设为 1）
^按位异或（$a 和 $b 中不同的位设为 1）
~按位非（取反）
<< 左移（$a 中的位向左移动 $b 次）
>> 右移（$a 中的位向右移动 $b 次）</td><td>$a=19;//10011
$b=35;//100011
echo $a^$b;//110000
//结果为 48</td></tr>
<tr><td>自增或自减运算符</td><td>前加、后加、前减和后减 ++、--</td><td>$a=5;echo $a++;/*先输出，再自增 5*/
$b=16;echo ++$b;/*先自增，再输出 17*/</td></tr>
<tr><td>逻辑运算符</td><td>&& 或 and（$a 和$b 都为 true，则结果为 true）
|| 或 or（任一为 true，则结果为 true）
xor（任一为 true，但不能同时为 true，则结果为 true）
!（取反）</td><td>echo（5>2&&3>0）;</td></tr>
<tr><td>比较运算符</td><td>===（两个值相同，则结果为 true）
==（两个值相同，且类型相同，则结果为 true）
!=、<>（值不同，则结果为 true）
!==（值不同，或者类型不同，则结果为 true）
<、>、<=、>=</td><td>$a=3;$b=3;
if（$a==$b）
echo"相同";
else"不同";//相同</td></tr>
<tr><td>三元运算符</td><td>表达式 1? 表达式 2:表达式 3
表达式 1 成立，则执行表达式 2，否则执行表达式 3</td><td>$a=100;$b=$a>20?"Y":"N";
echo $b;//结果 Y</td></tr>
</table>

2.2.5　表单

一个网站不仅需要各种供用户浏览的网页，还需要与用户进行交互的表单。表单是实现用户调查、产品订单、对象搜索设置等功能的重要手段。利用表单处理程序，可以收集、分析用户的反馈意见，做出合理的决策。通常情况下，表单中包含多个控件或表单元素，例如输入文本的文本框、提交按钮等。表单是由一对 <form> 标签定义，它有两方面的作用：一是限定表单范围，单击“提交”按钮，提交的是表单范围的内容；二是携带表单的相关信息。表单属性见表 2.2。

表 2.2　表单属性

属性	值	描述
method	get post	规定用于发送 form-data 的 HTTP 方法
name	form_name	规定表单的名称
target	_blank_self_parent_top	规定在何处打开 action URL
action	URL	规定当提交表单时向何处发送表单数据
enctype	application/x-www-form-urlencoded multipart/form-data text/plain	规定在发送表单数据之前如何对其进行编码

1. $_POST 变量

预定义的 $_POST 变量用于收集来自 method = "post" 的表单中的值。从带有 POST 方法的表单发送的信息，对任务人都是不可见的（不会显示在浏览器的地址栏），并且对发送信息的量也没有限制。然而，默认情况下，POST 方法的发送信息的量的最大值为 8 MB。

2. $_GET 变量

$_GET 变量是一个数组，内容是由 HTTP GET 方法发送的变量名称和值。该变量用于收集来自 method = "get" 的表单中的值。从带有 GET 方法的表单发送的信息，对任何人都是可见的（会显示在浏览器的地址栏），并且对发送的信息量也有限制（最多 100 个字符）。

2.3　项目训练

通过对以上内容的学习，了解了 PHP 的数据类型、常量变量及运算符，现在回到项目导入的任务中来。

【步骤 1】创建站点 mywebsite，站点文件夹为 C:\myweb，在 myweb 文件夹中创建文件夹 chapter02。

【步骤2】修改 Apache 的配置文件，改变网站的保存路径。

【步骤3】新建 PHP 文件，取名为 circleCal. php，保存在 chapter02 中。

【步骤4】在代码视图中编写如下代码：

```
<form action = ""method = "post" >
    <p>圆形面积计算器</p >
    <p>请输入半径
    <input type = "text"name = "r"id = "textfield" >
      <input type = "submit"name = "button"id = "button"value =
"计算" >
    </p >
</form >
<?php
if(isset($_POST["button"]))
{
    define("PI",3.14);
    echo"您输入的半径为:". $_POST["r"].",面积为:".PI * $_
POST["r"] * $_POST["r"];
    }
?>
```

运行结果如图 2. 1 所示。

2.4 平行项目训练

1. 训练内容

修改第 1 章中的“商店计费打折器”，运行效果如图 2. 2 所示。

打折计算器

请输入原价 [ ]

请输入折扣 [ ] 折

[计算]

原价：500
折扣：9
折扣价：450

图 2. 2 商店计费打折器

2. 训练目的

（1）进一步训练和巩固学生对 PHP 数据类型、运算符的理解。

（2）使学生对表单、$_POST、$_GET 有一个比较深刻的印象和认识。

3. 训练过程

【步骤1】新建文件，取名为 CalculatorII. php，保存在 chapter02 中。

【步骤2】在代码视图中编写如下代码：

```
<form action = ""method = "post" >
    <p >打折计算器 </p >
    <p >请输入原价
        <input type = "text"name = "price"id = "textfield" >
    </p >
    <p >
        请输入折扣
        <input type = "text"name = "zk"id = "textfield2" >
    折 </p >
    <p >
    <input type = "submit"name = "button"id = "button"value =
"计算" >
    </p >
</form >
<?php
if(isset($_POST["button"]))
{
        $price = $_POST["price"];
        $zk = $_POST["zk"];
        echo"原价:". $price. " <br >折扣:". $zk. " <br >折扣价:
". $price * $zk/10;
        }
?>
```

运行结果如图 2.2 所示。

2.5　总结

本单元通过简单项目示例，介绍了 PHP 的常量与变量的定义，并详细介绍了 PHP 中的运算符，通过贯穿项目“圆形面积计算器”和平行项目“商店计费打折器”系统地学习了变量的定义、表单的创建及 $ _POST 变量、$ _GET 的使用，使学生基本掌握了 PHP 的相关基础知识。

2.6 习题

1. PHP 中常量与变量分别是如何定义的?

2. 表单有哪些常用属性?

3. 设计一个页面，输入长方形的长和宽，能够计算其周长和面积，并分别在页面中输出。

第3章

流程控制

本章要点

· if、switch
· while、do…while、for 和 foreach
· break 和 continue

技能目标

· 会编写 if 和 switch 多分支选择程序代码
· 会编写 for、while、do…while 和 foreach 循环程序代码
· 学会使用程序设计规范

3.1 项目导入

【项目场景】

小王是一个 PHP 程序员，某天，领导让小王设计一个登录页面，当用户名和密码分别为“tcsym”和“123456”时，显示登录成功，否则，就显示登录失败。效果如图 3.1 所示。

用户登录系统

用户名：	
密　码：	
登录	重置

图 3.1　登录界面

【问题引导】

(1) 如何判断用户名和密码是否正确？

（2）选择结构如何使用？

（3）如何解决页面的跳转问题？

3.2 技术与知识准备

在编程的过程中，所有的操作都是按照某种结构有条不紊地进行着。学习PHP语言，除了要掌握其中的函数、数组和字符串知识外，更重要的是掌握程序设计结构，再配合这些基础知识，逐步形成一种属于自己的编程方法和技巧。

程序设计的结构大致可以分为三种：顺序结构、选择结构和循环结构。在对这三种结构的使用中，很少有程序是单独使用某一种结构来完成某种操作的，基本上都是使用其中两种或三种结构的组合。

3.2.1 顺序结构

顺序结构是最基本的结构方式，各流程依次按顺序执行。顺序结构的流程如图3.2所示。

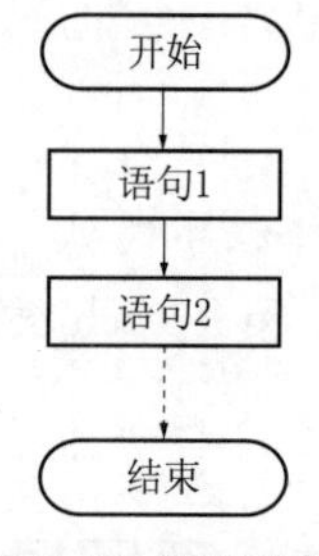

图3.2 顺序结构

3.2.2 选择结构

选择结构就是对给定条件进行判断，当条件为真时执行一个分支，条件为假时执行另一分支。

1. if条件控制语句

语法格式：

```
if(条件表达式)
{语句体}
```

这种结构是单纯的判断，当表达式成立时，执行语句体。流程如图3.3所示。

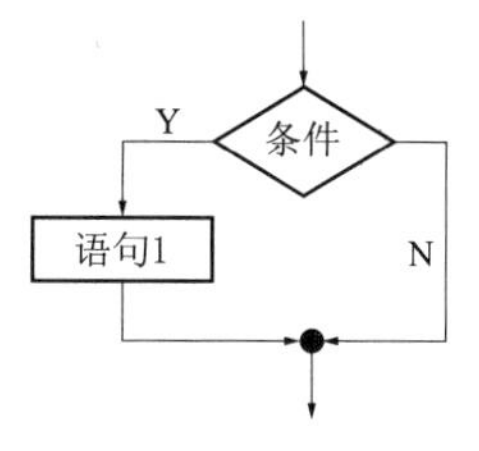

图3.3　if条件控制

2. if…else…语句

语法结构：

```
if(条件表达式)
{语句体1}
else{语句体2}
```

当条件成立时，执行语句体1，否则，执行语句体2。流程如图3.4所示。

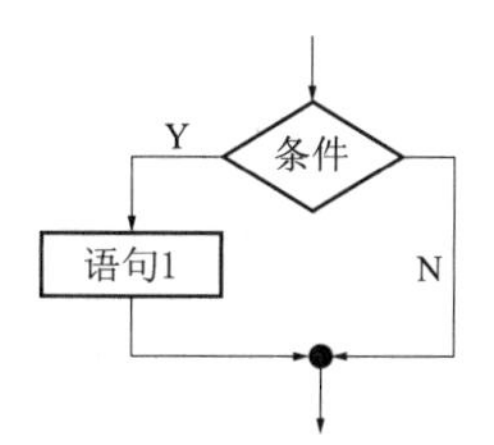

图3.4　if…else…语句

3. if…elseif…语句

语法结构：

```
if(条件表达式1)
{语句体1}
elseif(条件表达式2)
{语句体2}
elseif(条件表达式3)
…
else{语句体n}
```

这是一个多分支的选择结构，先判断表达式1，如果成立，则执行语句体1，否则，判断表达式2，如果成立，则执行语句体2，……，依此类推。流程如图3.5所示。

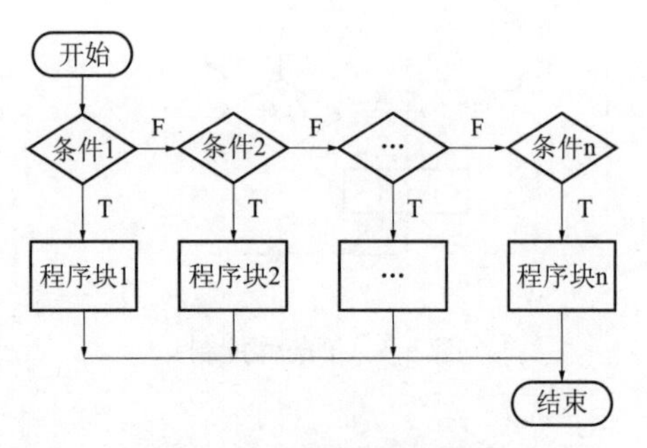

图 3.5　if…elseif…语句

4. switch 语句

语法结构：

```
switch(表达式)
{case n1:语句 1;break;
case n2:语句 2;break;
…
default:语句 n;
}
```

如果希望有选择地执行若干代码块之一，则使用 switch 语句。使用 switch 语句可以避免冗长的 if…elseif…else 代码块。对表达式（通常是变量）进行一次计算，把表达式的值与结构中 case 的值进行比较，如果存在匹配，则执行与 case 关联的代码，代码执行后，break 语句阻止代码跳入下一个 case 中继续执行，如果没有 case 为真，则使用 default 语句。流程如图 3.6 所示。

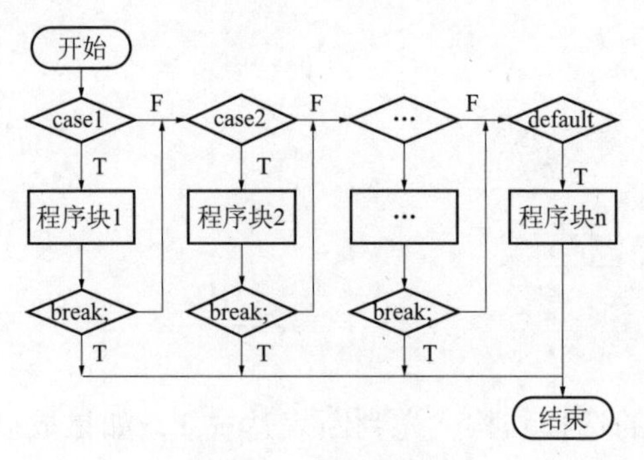

图 3.6　switch 语句

【示例 1】输入一个年份，判断是否是闰年，运行结果如图 3.7 所示。

图 3.7　判断是否是闰年

```
<form action = ""method = "post" >请输入一个年份 <input name = "
y"type = "text" ><input name = "sub"type = "submit"value = "判断是否
是闰年" ></form >
<?php
if(isset($_POST["sub"]))
{
    $year =$_POST["y"];
    if($year% 400 ==0 ||($year% 4 ==0&& $year% 100!=0))
    {echo $year."是闰年";}
    else
    echo $year."不是闰年";
    }
?>
```

【示例2】简易计算器，运行结果如图3.8所示。

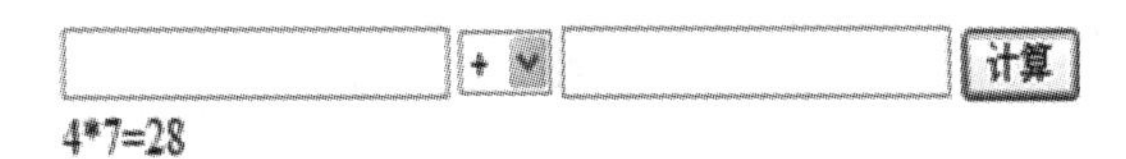

图3.8 简易计算器

```
    <form
method = "post"action = "" >
    <input type = "text"name = "num1" />
    <select name = "ysf" >
    <option >+</option >
    <option >-</option >
    <option >*</option >
    <option >/</option >
    <option >%</option >
    </select >
    <input type = "text"name = "num2" / >
    <input name = "sub"type = "submit"value = "计算" / >
    </form >
    <?php
    if(isset($_POST['sub']))
    {
        $n1 =$_POST['num1'];
```

```
        $n2 =$_POST['num2'];
    switch($_POST['ysf'])
    {
      case"+":$sum=$n1+$n2;
      break;
      case"-":$sum=$n1-$n2;
      break;
       case"*":$sum=$n1*$n2;
       break;
       case"/":$sum=$n1/$n2;
       break;
       case"%":$sum=$n1%$n2;
       break;
     }
echo $n1.$_POST['ysf'].$n2."=".$sum;}
?>
```

3.2.3 循环结构

循环结构是程序中非常重要和非常基本的一类结构，它是在一定条件下反复执行某段程序的流程结构，这个被反复执行的程序称为循环体。PHP 中的循环语句有 while、do…while、for、foreach 等。

1. while

语法格式：

```
while(条件表达式)
{循环体}
```

当条件成立时，重复执行循环体。流程如图 3.9 所示。

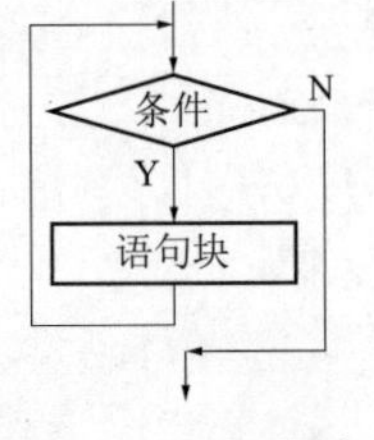

图 3.9 while 语句

2. do…while

语法格式：

```
do{循环体}while(条件表达式)
```

先执行循环体，然后判断表达式的值，如果为真，则继续执行循环体，如此反复，直到表达式的值为假，结束循环。流程如图3.10所示。

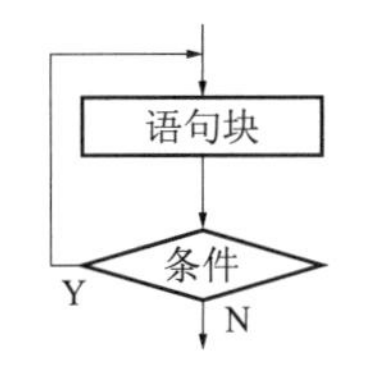

图3.10 do…while

3. for

语法格式：

```
for(表达式1;表达式2;表达式3)
{循环体}
```

先计算表达式1，然后再判断表达式2，如果成立，则执行循环体，执行完循环体后，再计算表达式3，然后再判断表达式2，如果成立，则执行循环体，依此类推，直到表达式2不成立，则结束循环。流程如图3.11所示。

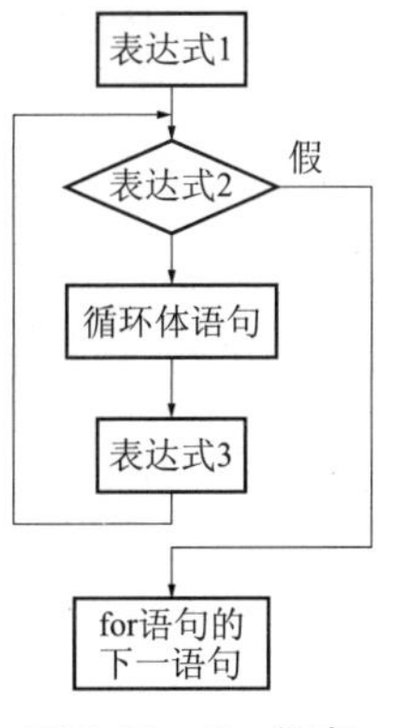

图3.11 for语句

【示例3】用while语句实现1+2+…+100，运行结果如图3.12所示。

1+2+...100=5050

图3.12 加法

```
<?php
$i=1;
$sum=0;
while($i<=100)
```

```
{$sum =$sum +$i;
$i ++;
      }
      echo"1 +2 +…100 =". $sum;
?>
```

【示例4】实现九九乘法表，运行结果如图3.13所示。

```
1*1=1
1*2=2 2*2=4
1*3=3 2*3=6 3*3=9
1*4=4 2*4=8 3*4=12 4*4=16
1*5=5 2*5=10 3*5=15 4*5=20 5*5=25
1*6=6 2*6=12 3*6=18 4*6=24 5*6=30 6*6=36
1*7=7 2*7=14 3*7=21 4*7=28 5*7=35 6*7=42 7*7=49
1*8=8 2*8=16 3*8=24 4*8=32 5*8=40 6*8=48 7*8=56 8*8=64
1*9=9 2*9=18 3*9=27 4*9=36 5*9=45 6*9=54 7*9=63 8*9=72 9*9=81
```

图3.13 九九乘法表

```
<?php
for($i =1;$i <=9;$i ++)
{for($j =1;$j <=$i;$j ++)

      echo $j. " * ". $i. " =". $i *$j. " \t";
      echo" <br >";
      }
?>
```

4. foreach

foreach语句也属于循环控制语句，但它只用于遍历数组。

3.2.4 break与continue

break语句用在循环体中。当程序执行到break语句时，就会立即结束当前循环。

continue用于提前结束本次循环，跳过剩余的代码，在条件为真的情况下开始执行下一次循环。

【示例5】输入一个数，判断是否是素数，运行结果如图3.14所示。

请输入一个数 [ ] [判断是否是素数]
25不是素数

图3.14 判断是否是素数

```
<form action = ""method = "post" >请输入一个数 <input name = "
num"type = "text" ><input name = "sub"type = "submit"value = "
判断是否是素数" ></form>
<?php
if(isset($_POST["sub"]))
{
    $flag =0;
    $n =$_POST["num"];
    for($i =2;$i <= sqrt($n);$i ++)
    if($n% $i ==0)
    {$flag =1;
    break;}
if($flag ==1)
echo $n."不是素数";
else
echo $n."是素数";
    }
?>
```

3.3　项目训练

通过对以上内容的学习，对顺序结构、选择结构和循环结构有了一定的了解，现在回到项目导入的任务中来。

【步骤1】新建页面 login. php，页面布局代码如下所示：

```
<form action = "dologin.php"method = "post" >
<table width = "400"border = "1"align = "center" >
<caption >用户登录系统 </caption >
  <tr >
    <td align = "center" >用户名: </td >
    <td align = "center" ><input type = "text"name = "uname"/ >
</td >
  </tr >
  <tr >
    <td align = "center" >密   码: </td >
    <td align = "center" ><input type = "password"name = "pwd"/ >
</td >
```

```
    </tr>
    <tr>
      <td align="center"><input type="submit"value="登录"/>
</td>
      <td align="center"><input type="reset"value="重置"/>
</td>
    </tr>
  </table>
  </form>
```

【步骤2】新建 dologin. php，用来对输入的用户名和密码进行验证，代码如下所示：

```
<?php
if(($_POST["uname"]=="tcsym")&&($_POST["pwd"]=="123456"))
{
header("location:welcome.php");
}
else header("location:login.php");
?>
```

【步骤3】新建 welcome. php，显示“欢迎进入 PHP 世界!”

```
<?php
echo"欢迎进入 PHP 世界!";
?>
```

3.4 平行项目训练

1. 训练内容

输出 1～100 之间不能被 3 整除的数，要求每行输出 10 个数。运行结果如图 3. 15 所示。

```
1 2 4 5 7 8 10 11 13 14
16 17 19 20 22 23 25 26 28 29
31 32 34 35 37 38 40 41 43 44
46 47 49 50 52 53 55 56 58 59
61 62 64 65 67 68 70 71 73 74
76 77 79 80 82 83 85 86 88 89
91 92 94 95 97 98 100
```

图 3. 15 输出不是 3 的倍数

2. 训练目的

（1）进一步训练和巩固学生对顺序结构、选择结构、循环结构的理解；

（2）使学生掌握选择结构语言、循环结构语言及 break、continue 的运用。

3. 训练过程

【步骤1】新建页面，取名为 ex3_6. php。

【步骤2】编写代码，如下所示：

```
<?php
 $x =0;
for($i =1; $i <=100; $i ++)
{if($i% 3 ==0)
continue;
echo $i." \t";
 $x ++;
if($x ==10)
{$x =0;
echo" <br >";
    }
}
?>
```

运行结果如图 3. 15 所示。

3.5　总结

本单元通过简单项目示例，介绍了程序流程控制语句，并详细讲解了 continue 与 break 语句在程序中的应用，通过贯穿项目“登录系统”和平行项目“输出不是 3 的倍数”系统地学习了顺序结构、选择结构及循环结构的组合使用。

3.6　习题

1. 请说出 PHP 中 while 和 do…while 的区别。
2. 请用 while、do…while 和 for 分别计算 2 +4 + … +100。
3. 从键盘输入一个数，判断是否是水仙花数。

第 4 章

数组、函数与字符串

本章要点

- PHP 函数的定义和调用
- PHP 中数组的定义与应用
- PHP 中字符串的应用

技能目标

- 能编写函数并且调用函数
- 能熟练应用 PHP 的数组
- 能综合运用函数进行数据处理

4.1 项目导入

【项目场景】

跳水比赛，8 个评委打分，从 8 个成绩中去掉一个最高分和一个最低分，剩下 6 个分数的平均分就是运动员的最后得分。使用一维数组实现打分功能，并且把打最高分和最低分的评委找出来。效果如图 4.1 所示。

【问题引导】

（1）如何定义并初始化一维数组？

（2）如何使用一维数组实现打分功能？

（3）如何寻找一维数组的最高分和最低分？

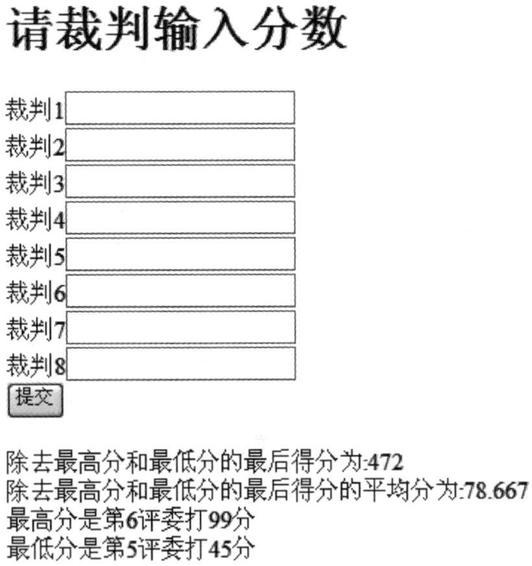

请裁判输入分数

裁判1
裁判2
裁判3
裁判4
裁判5
裁判6
裁判7
裁判8
提交

除去最高分和最低分的最后得分为:472
除去最高分和最低分的最后得分的平均分为:78.667
最高分是第6评委打99分
最低分是第5评委打45分

图 4.1　评委打分

4.2　技术与知识准备

4.2.1　数组

数组是特殊的变量，它能够在单一变量名中存储许多值，并且能够通过引用下标来访问某个值。在 PHP 中，使用 array( ) 函数创建数组。创建的数组有两种类型：

1. 索引数组——带有数字索引的数组

PHP 索引数组有两种创建索引数组的方法：

（1）索引是自动分配的（索引从 0 开始）：

```
$cars = array("斯巴鲁","JEEP","奥迪");
```

（2）手动分配索引：

```
$cars[0] = "斯巴鲁";
$cars[1] = "JEEP";
$cars[2] = "奥迪";
```

遍历并输出索引数组的所有值，需要使用 for 循环。

【示例 1】初始化及显示索引数组值。

```
<?php
$cars = array("斯巴鲁","JEEP","奥迪");
$arrlength = count($cars);
for($x = 0;$x <$arrlength;$x ++){
  echo $cars[$x];
  echo"<br>";}    ?>
```

显示结果如图 4. 2 所示。

斯巴鲁
JEEP
奥迪

图 4. 2 索引数组

2. 关联数组——带有指定键的数组

关联数组是使用分配给数组的指定键的数组。有两种创建关联数组的方法:

(1) $age = array("Peter" => "35","Ben"=> "37","Joe" => "43");

(2) $age['Peter']= "35";$age['Ben']= "37";$age['Joe']= "43";

遍历并输出关联数组的所有值，使用 foreach 循环。

【示例 2】初始化及显示关联数组值。

```
<?php
$age = array("Bill" => "35","Steve" => "37","Peter" => "43");
foreach($age as $x =>$xvalue){
  echo"Key = ". $x . ",Value = ". $x_value;
  echo"<br>";
}
?>
```

显示结果如图 4. 3 所示。

Key=Bill, Value=35
Key=Steve, Value=37
Key=Peter, Value=43

图 4. 3 关联数组

数组的函数有很多，下面简单介绍一下:

1. array()

创建数组可以使用 array()函数，语法如下:

```
array([$Keys = ]$values,…)
```

例如:

```
$cars=array("斯巴鲁","JEEP","奥迪");
$age=array("Bill"=>"35","Steve"=>"37","Peter"=>"43");
```

2. print_r( )

按照一定格式显示键名和值。

例如：

```
<?php
$my_array=array("Dog","Cat","Horse");
print_r($my_array);
?>
```

输出结果：Array([0]=>Dog[1]=>Cat[2]=>Horse)

3. count( )函数

获得数组的长度，用于返回数组的长度（元素数）。

4. list( )函数

把数组中的值赋给一些变量。

例如：

```
<?php
$my_array=array("Dog","Cat","Horse");
list($a,$b,$c)=$my_array;
echo $a.",".$b.",".$c;
?>
```

输出结果：Dog，Cat，Horse

5. compact( )函数

创建包含变量名和它们的值的数组。

```
<?php
$n="太仓";
$s="健雄";
$arr=array("red","green","blue");
$newarr=compact("n","s","arr");
print_r($newarr);
?>
```

输出结果：Array([n]=>太仓[s]=>健雄[arr]=>Array([0]=>red[1]=>green[2]=>blue))

6. range( )函数

创建包含指定范围单元的数组。

例如：

```
<?php
$number = range(1,5);
print_r($number);
?>
```

输出结果：Array([0] =>1[1] =>2[2] =>3[3] =>4[4] =>5)

7. in_array()

检查数组中是否存在指定的值。

例如：

```
<?php
$city = array("苏州","无锡","南京","扬州");
if(in_array("苏州",$city))
  {echo"匹配已找到";}
else
{echo"匹配未找到";}
?>
```

输出结果：匹配已找到

8. array_search()

array_search()函数在数组中搜索某个键值，并返回对应的键名。如果找到了该值，匹配元素的键名会被返回；如果没找到，则返回 false。

```
<?php
$city = array("苏州","无锡","南京","扬州");
echo arraysearch("苏州",$city);
?>
```

输出结果：0

9. key()

从关联数组中取得键名。

例如：

```
<?php
$age = array("Peter" =>"35","Ben" =>"37","Joe" =>"43");
echo key($age);
?>
```

输出结果：Peter

4.2.2　函数

PHP 除了内建的 PHP 函数，还可以创建自己的函数。函数是可以在程序中重复使用的语句块。页面加载时函数不会立即执行。函数只有在被调用时才会执行。在 PHP 创建用户自定义函数，声明以关键词“function”开头，语法：

```
function functionName(){
  被执行的代码;
}
```

注意以下几点：

①函数名必须以字母或下划线开头（而非数字）。

②函数名对大小写不敏感。

③函数名应该能够反映函数所执行的任务。

在下面的例子中，创建名为“subNum()”的函数。花括号中包含的是自定义函数的主体，是功能实现部分，该函数实现两数的相加。如需调用该函数，只要使用函数名即可。

【示例3】两数相加案例。

```
<?php
function subNum(){
  echo"1 +2 = ".(1 +2);
}
subNum();
?>
```

上述自定义函数是无参函数。在 PHP 中，可以通过参数向函数传递信息。参数被定义在函数名之后、括号内部。可以添加任意多个参数，只要用逗号隔开即可。修改上述例题，使用带参函数来实现两数相加功能。如需使函数返回值，使用 return 语句。

【示例4】改进两数相加案例。

```
<form action = ""method = "post" >
  <p >
   第一个数:<input name = "num1"type = "text" >
  </p >
  <p >
   第二个数: <input name = "num2"type = "text" >
  </p >
  <p >
```

```
        <input type = "submit"name = "button"id = "button"value = "
相加" >
      </p >
    </form >
    <?php
    function subNum($n1,$n2){
      return $n1 +$n2;
    }
    if(isset($_POST["button"]))
    {
         $a1 =$_POST["num1"];
         $a2 =$_POST["num2"];
         echo $a1." +". $a2." =". subNum($a1,$a2);
    }
    ?>
```

运行结果如图4.4所示。

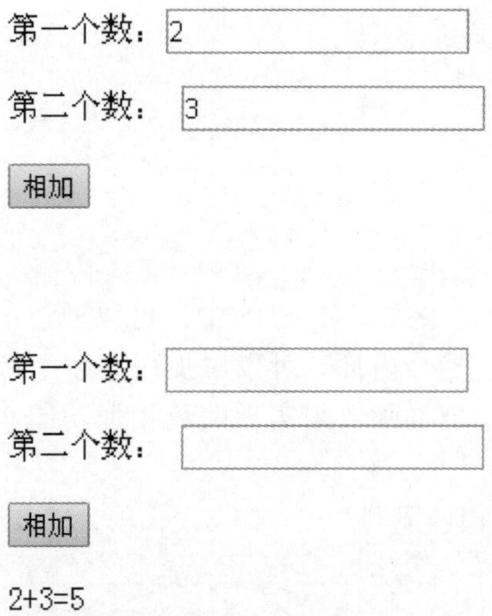

第一个数：2

第二个数：3

相加

第一个数：

第二个数：

相加

2+3=5

图4.4 关联数组

【示例5】求1!+2!+3!+…+5! 的和。

```
    <?php
    function jieCheng($n)
    {
       $f =1;
```

```
    for($i =1;$i <=$n;$i ++)
    $f =$f *$i;
    return $f;
    }
    $sum =0;
    for($i =1;$i <=5;$i ++)
    $sum =$sum + jieCheng($i);
    echo"1!+2!+3!+4!+5!=". $sum;
?>
```

运行结果如图 4.5 所示。

```
1!+2!+3!+4!+5!=153
```

图 4.5　求阶乘

4.2.3　字符串

字符串是 PHP 中重要的数据类型。在 Web 应用中，在很多情况下都需要对字符串进行处理和分析，通常会涉及字符串的格式化、字符串的连接与分割、字符串的比较和查找等一系列操作。

1. strlen( ) 函数

strlen( ) 函数返回字符串的长度，以字符计。

例：

```
<?php
echo strlen("Hello world!");
?>
```

运行结果：12

2. strpos( ) 函数

strpos( ) 函数用于检索字符串内指定的字符或文本。如果找到匹配，则会返回首个匹配的字符位置；如果未找到匹配，则将返回 FALSE。

例：

```
<?php
echo strpos("Hello world!","world");
?>
```

输出结果：6。

提示：上例中字符串“world”的位置是 6。字符串中首字符的位置是 0 而不是 1。

3. echo( )

输出一个或多个字符串。

例如:

```
<?php
$n =5;
echo"我今天有". $n. "节课";
?>
```

输出结果:我今天有 5 节课

4. print( )、printf( )

print( )是输出字符串,printf( )是输出格式化的字符串。

例如:

```
<?php
$number =9;
$str = "北京";
printf("在%s 有 %u 百万辆自行车。",$str,$number);
print"北京是个大都市!";
?>
```

输出结果:在北京有 9 百万辆自行车。北京是个大都市!

5. strtolower( )、strtoupper( )

strtolower( )把字符串转换为小写字母,strtoupper( )把字符串转换为大写字母。

例如:

```
<?php
echo strtolower("Hello Every Boys. <br >");
echo strtoupper("Hello Every Boys. ");
?>
```

输出结果:

hello every boys.

HELLO EVERY BOYS.

6. trim( )、ltrim( )、rtrim( )

trim( )移除字符串两侧的空白字符和其他字符。

ltrim( )移除字符串左侧的空白字符或其他字符。

rtrim( )移除字符串右侧的空白字符或其他字符。

7. str_replace( )、substr_replace( )

str_replace( )替换字符串中的一些字符(对大小写敏感)。

substr_replace( )把字符串的一部分替换为另一个字符串。

例如:

```
<?php
echo str_replace("world","Shanghai","Hello world!");
echo"<br>";
echo substr_replace("Hello","world",3);
//在 Hello 中从 3 开始替换为 world
?>
```

输出结果:

Hello Shanghai!

Helworld

8. strcmp( )、strcasecmp( )、strncmp( )、strncasecmp( )

strcmp( )用于区分大小写的字符串的比较。

strcasecmp( )用于不区分大小写的字符串的比较。

strncmp( )用于比较字符串的一部分。

strncasecmp( )的作用与 strncmp( )函数的一样，只是不区分大小写。

9. explode( )、implode( )

explode( )把字符串打散为数组。

implode( )返回由数组元素组合的字符串。

例如:

```
<?php
$str = "good morning teacher!";
print_r(explode(" ",$str));
echo"<br>";
$arr = array('Good','morning','teacher!');
echo implode(" ",$arr);
?>
```

输出结果:

Array([0] => good[1] => morning[2] => teacher!)

Good morning teacher!

【示例 6】字符串替换案例，运行结果如图 4.6 所示。

大家黑色金属惊声尖大家好哈哈大家夜夜夜夜大家好就纠结

大家黑色金属惊声尖大家好哈哈大家夜夜夜夜大家好就纠结

图 4.6　字符串替换

```
<?php
$str = "大家黑色金属惊声尖大家好哈哈大家夜夜夜夜大家好就纠结";
echo $str."<br>";
$str = str_replace(array("大家好","大家"),array("AAAA","
BBBB"),$str);
$patterns2 =array(array("AAAA","BBBB"),array("<a href = ">
大家好</a>","<a href = ">大家</a>"));
echo $str =str_replace($patterns2[0],$patterns2[1],$str);
?>
```

4.3 项目训练

通过对以上内容的学习，了解了函数的创建和调用、数组的定义与应用，以及 PHP 中的字符串，现在回到项目导入的任务中来。

【步骤1】创建站点 mywebsite，站点文件夹为 C:\myweb。

【步骤2】修改 Apache 的配置文件，改变网站的保存路径。

【步骤3】新建页面，取名为 refereeJudge. php，保存在 chapter04 文件夹中。

【步骤4】在代码视图中编写如下代码：

```
<h1>请裁判输入分数</h1>
<form action = ""method = "post">
    裁判1<input type = "text"name = "one"><br/>
    裁判2<input type = "text"name = "two"><br/>
    裁判3<input type = "text"name = "three"><br/>
    裁判4<input type = "text"name = "four"><br/>
    裁判5<input type = "text"name = "five"><br/>
    裁判6<input type = "text"name = "six"><br/>
    裁判7<input type = "text"name = "seven"><br/>
    裁判8<input type = "text"name = "eight"><br/>
    <input type = "submit"name = "sub"value = "提交">
</form>
<?php
if(isset($_POST["sub"]))
{
$p1 =$_POST['one'];
$p2 =$_POST['two'];
```

```
    $p3 =$_POST['three'];
    $p4 =$_POST['four'];
    $p5 =$_POST['five'];
    $p6 =$_POST['six'];
    $p7 =$_POST['seven'];
    $p8 =$_POST['eight'];
    $arr =array($p1,$p2,$p3,$p4,$p5,$p6,$p7,$p8);
    $total =0;
    for($i =0;$i <count($arr);$i ++){
         $total + =$arr[$i];}
    $last =($total -max($arr) -min($arr))/(count($arr) -2);
    echo '除去最高分和最低分的最后得分为:'.($total -max($arr) -min($
arr)). "<br/>";
    echo '除去最高分和最低分的最后得分的平均分为:'.round($last,3)."
 <br/>";
    $max_k =array_search(max($arr),$arr);
    $min_k =array_search(min($arr),$arr);
    echo '最高分是第'.($max_k +1).'评委打'.max($arr).'分<br />';
    echo '最低分是第'.($min_k +1).'评委打'.min($arr).'分<br />';
         }
    ?>
```

运行程序，结果如图 4.1 所示。

4.4　平行项目训练

1. 训练内容

定义一个函数，实现星星的输出，运行结果如图 4.7 所示。

星星矩阵

[　　　　] 请输入行数: [提交]

```
* * * * * * *
* * * * * *
* * * * *
* * * *
* * *
* *
*
```

图 4.7　星星矩阵

2. 训练目的

(1) 进一步训练和巩固学生对函数定义与调用的理解;

(2) 使学生对函数定义、表单、文本域等有一个比较深刻的印象和认识。

3. 训练过程

【步骤1】新建页面，取名为 inputStar. php，保存在 chapter04。

【步骤2】在代码视图中编写如下代码:

```
<form action = ""method = "post" >
  <p>星星矩阵 </p>
  <p>
    <input type = "text"name = "textfield"id = "textfield" >
    请输入行数:<input type = "submit"name = "button"id = "but-
ton"value = "提交" >
  </p>
</form>
<?php
function f1($x)
{
     for($i =1;$i <=$x;$i ++)
      {
      for($k =0;$k +$i <=$x;$k ++)
       echo" *\t";
       echo" <br >";}
      }
      if(isset($_POST["button"]))
      {
f1($_POST["textfield"]);}
?>
```

运行结果如图 4.7 所示。

4.5 总结

本单元通过简单的项目示例，介绍了函数的定义与调用，以及参数的传值，并详细介绍了字符串函数及数组的定义与初始化，通过贯穿项目“裁判打分”和平行项目“星星矩阵”系统地学习了函数的定义、数组的定义与初始化及求平均分等，使学生能够掌握数组、字符串及函数的相关知识。

4.6　习题

1. 请说出 str_replace( ) 和 substr_replace( ) 的区别。
2. 从键盘输入一个数，判断是否是水仙花数（用函数来实现）。

第 5 章

文件与目录

本章要点

· PHP 中文件的操作
· PHP 中目录的操作

技能目标

· 能运用 PHP 操作系统的文件与目录
· 能综合运用函数进行数据处理

5.1　项目导入

【项目场景 1】

开发一个文件读取系统，使其既能够创建文件，在文件中写内容。又能读取硬盘上的某个文件，在页面中显示文件的相应内容。运行效果如图 5.1 所示。

文件读取

输入要写入内容的文件名和文件内容：	
文件名：	
文件内容：	
写入内容	
输入要读取的文件名：	
文件名：	
读取内容	

图 5.1　文件读取

【问题引导】

(1) 如何创建文件?

(2) 如何读取文件的内容?

(3) 如何把内容写入文件中?

5.2　技术与知识准备

掌握文件处理技术对于 Web 开发者来说是十分重要的。虽然在进行信息处理时使用数据库是多数情况下的选择，但对于少量的数据，利用文件来存取是非常方面、快捷的。更关键的是，PHP 中提供了非常简单、方面的文件、目录处理方法。

5.2.1　目录

1. 新建目录

使用 mkdir( ) 函数可以根据提供的目录名或目录的全路径创建新的目录，如果创建成功，则返回 True，否则返回 False。例如，在当前目录下创建一个 hellosym 目录。

```
<?php if(mkdir("hellosym"))echo"创建成功"?>
```

2. 删除目录

使用 rmdir( ) 函数可以删除一个空目录，如果目录不为空，则必须先删除目录中的所有文件才能删除目录。例如，将刚才的 hellosym 目录删除。

```
<?php if(rmdir("hellosym"))echo"删除成功"?>
```

3. 获取当前工作目录

当前工作目录是指正在运行的文件所在的目录，使用 getcwd( ) 函数可以取得当前的工作目录，该函数没有参数，成功则返回当前的工作目录，失败则返回 False。

```
<?php echo getcwd()?> //输出结果: c:\myweb
```

4. 打开或关闭目录句柄

文件和目录的访问都是通过句柄来实现的，使用 opendir( ) 函数则可以打开一个目录句柄，该函数的参数是打开的目录路径，打开成功，则返回 True，失败则返回 False。使用完一个已经打开的目录句柄后，要使用 closedir( ) 函数来关闭这个句柄。

5. 获取指定路径的目录和文件

scandir( ) 函数可列出指定目录中的文件和目录，语法格式如下:

```
array scandir(string $directory, int $sorting_order, re-
source$context)
```

$directory 为指定路径;

$sorting_order 默认按字母升序排列，如果设为 1，则表示按字母的降序排列;

$context 是一个资源变量。

6. 对象是否是目录

使用 is_dir( )函数检查上级目录下的目标对象 logo. jpg 是否是目录。如果目标对象是目录系统，返回 true，否则返回 false。

```
$checkResult = is_dir('../logo.jpg');
```

7. 获取目录中的所有文件名

(1) 先打开要操作的目录，并用一个变量指向它。

例如：打开目录 chapter05。

```
$handler = opendir("../chapter05");
```

(2) 循环的读取目录下的所有文件。

```
while(($filename = readdir($handler)) !== false)
```

其中，$filename = readdir($handler)是每次循环的时候将读取的文件名赋值给$filename，为了不陷于死循环，还要让$filename !== false。一定要用!==，因为如果某个文件名叫“0”，用!==就会停止循环。

(3) 目录下都会有两个文件，名字为“.”和“..”，不要对它们进行操作。

```
if($filename != "."&& $filename != "..")
```

(4) 进行处理。

(5) 关闭目录。

```
closedir($handler);
```

【示例 1】使用 opendir 函数、readdir( )、closedir( )三个函数编写读取 chapter05 目录下所有的文件及文件夹名称。

```
<?php
$handler = opendir("../chapter05");
while(($filename = readdir($handler)) !== false){
    if($filename != "."&& $filename != ".."){
        echo $filename."<br>";
}
}
closedir($handler);
?>
```

运行结果如图 5.2 所示。

```
ex5_1.php
ex5_2.php
ex5_3.php
```

图5.2 读取文件

5.2.2 文件

文件操作一般包括打开、读取、写入、关闭等。如果要将数据写入一个文件，一般都要先打开该文件，如果该文件不存在，则先创建该文件，然后将数据写入文件，最后关闭文件。如果要读取文件中的数据，同样也要先打开，如果文件不存在，则自动退出，如果文件存在，则读取，最后再关闭。

1. 打开文件

打开文件使用的是fopen()函数，语法格式如下：

```
fopen(string $filename,string $mode)
```

fopen()函数将$filename参数指定名称的资源绑定到一个流上。

$mode参数指定了fopen()函数访问文件的模式，说明见表5.1。

表5.1 打开模式

$mode	说明
r	打开文件为只读。文件指针在文件的开头
w	打开文件为只写。删除文件的内容，如果文件不存在，创建一个新的文件。文件指针在文件的开头
a	打开文件为只写。文件中的现有数据会被保留。文件指针在文件结尾。如果文件不存在，创建新的文件
x	创建新文件为只写。如果文件已存在，返回FALSE和错误
r+	打开文件为读/写、文件指针在文件开头
w+	打开文件为读/写。删除文件内容，如果文件不存在，创建新文件。文件指针在文件开头
a+	打开文件为读/写。文件中已有的数据会被保留。文件指针在文件结尾。如果文件不存在，创建新文件
x+	创建新文件为读/写。如果文件已存在，返回FALSE和错误

2. 关闭文件

文件处理完毕，需要使用fclose()函数关闭文件，语法格式如下：

```
fclose(resource $handle)
```

参数$handle为要打开的文件指针，文件指针必须有效，如果关闭成功，则返回True，否则返回False。

3. 写入文件

文件打开后，向文件中写入内容时，可以使用 fwrite()函数，语法格式如下：

```
int fwrite(resource $handle,string $string,int $length)
```

说明：$handle 是写入的文件句柄；$string 是写入到文件中的字符串数据；$length 是可选参数，如果指定了$length，则当写入了$string 中的前$length 个字节的数据后停止写入。

file_put_contents()函数把一个字符串写入文件中。与依次调用 fopen()、fwrite()及 fclose()功能一样。

4. 读取文件

（1）fread()。读取打开的文件，第一个参数包含待读取文件的文件指针，第二个参数规定待读取的最大字节数，最大取值为 8 192。读文件要用 feof 函数来判断是否到达文件结尾。

```
while(! feof(文件指针)){fread(文件指针,字节数)}
```

（2）file()、readfile()。file()函数把整个文件读入一个数组中。

例如：

```
<?php
$line = file("a.txt");
foreach($line as $content)
echo $content;
?>
```

readfile()函数读入一个文件并写入输出缓冲。

例如：

```
<?php
echo readfile("a.txt");
?>
```

（3）fgets()。fgets()函数用于从文件读取单行。

```
<?php
$fp = fopen("chapter05/a.txt","r");
while(! feof($fp))
{
   $str = fgets($fp);
    echo $str."<br>";
    }
    fclose($fp);
?>
```

（4）fgetc( )。fgetc( )函数用于从文件中读取单个字符。

例如：

```
<?php
$fp = fopen("a.txt","r");
while(! feof($fp))
{
   $ch = fgetc($fp);
    echo($ch == "\n"?"<br>":$ch);
   }
fclose($fp);
?>
```

（5）file_get_contents（）。将整个或部分文件内容读取到一个字符串中，功能与依次调用 fopen( )、fread( )和 fclose( )的功能一样。

5. 删除文件

例如，删除当前目录下的 a. txt：

```
$deleteResult = unlink('a.txt');
```

说明：系统会返回操作结果，成功则返回 TRUE，失败则返回 FALSE。可以用变量接收，这样就知道是否删除成功。

6. 判断文件是否存在 file_exists

例如，检查上级目录下的文件 logo. jpg 是否存在：

```
$existResult = fileexists(“../logo.jpg”);
```

说明：如果文件存在，系统返回 true，否则返回 false。

7. 文件大小函数

例如，获取上级目录下的文件 logo. png 的大小：

```
$size = filesize('../logo.png');
```

说明：系统会返回一个数字，表示文件的大小是多少字节（bytes）。

8. 复制文件函数

例如，将当前目录下的 a. txt 复制到上一级目录的 chapter04 中，重命名为 ab. txt。

```
<?php
copy("a.txt","../chapter04/ab.txt");
?>
```

系统会返回操作结果，成功则返回 TRUE，失败则返回 FALSE。可以用变量接收，这样就知道是否复制成功。

9. 重命名文件函数

```
<?php
rename("a.txt","ab.txt");
?>
```

说明：对目录也一样。系统会返回操作结果，成功则返回 TRUE，失败则返回FALSE。可以用变量接收，这样就知道是否重命名成功。

10. 文件指针操作函数

（1）feof。该函数检测是否已到达文件末尾（eof）。

（2）rewind。该函数将文件指针的位置倒回文件的开头。

（3）ftell。返回打开文件中的当前位置。

（4）fseek。在打开的文件中定位。该函数把文件指针从当前位置向前或向后移动到新的位置，新位置从文件头开始以字节数度量。

【示例2】创建一程序，读取 chapter05 文件夹下的 file. txt 文件，并在页面上显示出来。

方法1：

```
<?php
echo file_get_contents("file.txt");
?>
```

方法2：

```
<?php
$line=file("file.txt");
foreach($line as $content)
echo $content;
?>
```

运行结果如图 5. 3 所示。

春晓 春眠不觉晓， 处处闻啼鸟。 夜来风雨声， 花落知多少。

图 5. 3 读取文件内容

5. 3 项目训练

通过对以上内容的学习，了解了文件和目录的操作及其函数，现在回到项目导入的任务中来。

【步骤1】创建站点 mywebsite，站点文件夹为 C:\myweb。

【步骤2】修改 Apache 的配置文件，改变网站的保存路径。

【步骤 3】新建文件，取名为 ex5_3. php，保存到 chapter05 文件夹中。进行页面布局，如图 5. 1 所示。

```
<form name = "form1"method = "post"action = "" >
<table border = "1" >
<caption style = "color:#00F; font - size:24px" >文件读取 </cap-
tion >
<tr ><td colspan = "2"bgcolor = "#CCFFFF" >输入要写入内容的文
件名和文件内容: </td ></tr >
<tr ><td >文件名: </td ><td ><input type = "text"name = "
wfilename"id = "textfield" ></td ></tr >
<tr ><td >文件内容: </td ><td > <textarea name = "textarea"
rows = "5"id = "textarea" ></textarea ></td ></tr >
<tr ><td colspan = "2" ><input type = "submit"name = "write"
id = "button"value = "写入内容" ></td ></tr >
<tr ><td colspan = "2"bgcolor = "#CCFFFF" >输入要读取的文件名:
</td ></tr >
<tr ><td >文件名: </td ><td ><input type = "text"name = "
rfilename"id = "textfield" ></td ></tr >
<tr ><td colspan = "2" ><input type = "submit"name = "
read"id =
"button2"value = "读取内容" ></td ></tr >
</table >
</form >
```

【步骤 4】编写 PHP 代码:

```
<?php
if(isset($_POST["read"]))
{
    $filename =$_POST["rfilename"];
    $fp = fopen("$filename","r");
    $content = "";
    while(! feof($fp))
    {
        $data = fread($fp,8192);
        $content. =$data;
        }
```

```
            echo" <textarea name ='textarea2 'id ='textarea2 '
rows ='5 ' >$content </textarea > ";
        fclose($fp);
    }
    if(isset($_POST[ "write"]))
    {
        $content =$_POST[ "textarea"];
        $filename =$_POST[ "wfilename"];
        $fp = fopen( "$filename","w");
        $n = fwrite($fp,$content);
        if($n!=0)
        echo" <script language ='javascript '>alert('写入成功!') </
script >";
        else
        echo" <script language ='javascript '>alert('写入失败!') </
script >";
        fclose($fp);
    }
    ?>
```

5.4 平行项目训练

1. 训练内容

实现文件的复制与移动。运行效果如图 5.4 所示。

文件的复制与移动

源文件：		复制
目标文件：		
源文件：		移动
目标文件：		

图 5.4 文件的复制与移动

2. 训练目的

(1) 进一步训练和巩固学生对文件的操作；

(2) 使学生对复制与移动文件有比较清晰的了解。

3. 训练过程

【步骤1】新建文件 ex5_4. php，保存在 chapter05 文件夹中。进行页面布局，代码如下：

```
<form action = ""method = "post" >
<table width = "400"border = "1" >
<caption >文件的复制与移动 </caption >
    <tr >
      <td >源文件: </td >
      <td ><input name = "ycopy"type = "text" ></td >
      <td rowspan = "2" ><input type = "submit"name = "cbut-
ton"id = "button"value = "复制" ></td >
  </tr >
  <tr >
    <td >目标文件: </td >
    <td ><input name = "mcopy"type = "text" ></td >
    </tr >
  <tr >
    <td >源文件: </td >
    <td ><input type = "text"name = "ymove"id = "textfield" >
</td >
    <td rowspan = "2" ><input type = "submit"name = "mbutton"
id = "button2"value = "移动" ></td >
  </tr >
    <tr >
      <td >目标文件: </td >
      <td ><input type = "text"name = "mmove"id = "textfield2" >
</td >
      </tr >
  </table >
  </form >
```

【步骤2】编写 PHP 代码：

```
<?php
if(isset($_POST["cbutton"]))
{
    $source =$_POST["ycopy"];
```

```
        $destination =$_POST["mcopy"];
        $result = copy($source,$destination);
        if($result == true)
        echo"<script language='javascript'>alert('复制成功!')
</script>";
        else
        echo"<script language='javascript'>alert('复制失败!')
</script>";
    }
    if(isset($_POST["mbutton"]))
    {
        $source =$_POST["ymove"];
        $destination =$_POST["mmove"];
        $result = copy($source,$destination);
        unlink($source);
        if($result == true)
        echo"<script language='javascript'>alert('移动成功!')
</script>";
        else
        echo"<script language='javascript'>alert('移动失败!')
</script>";
    }
    ?>
```

5.5 总结

本单元通过简单项目示例，介绍了目录的创建、删除，并详细讲解了文件的读取、写入及复制和移动等操作，通过贯穿项目“文件读取系统”和平行项目“文件的复制与移动”系统地学习了文件的打开、关闭、读取与写入等操作。

5.6 习题

1. 如何获取文件中的所有文件名?
2. 如何读取文件?
3. 如何写入文件?

第6章

面向对象程序设计

本章要点

· 了解面向对象的概念
· 掌握类、对象的概念和关系
· 掌握面向对象的三大特性：继承、重载与封装

技能目标

· 能了解面向对象与面向过程编程的特点
· 能合理使用面向对象中的常用关键字
· 能根据掌握的面向对象知识实现新华书店收银计算器功能

6.1 项目导入

【项目场景】

小李在新华书店购买文具，计划购买任意两样文具，小李感觉应该编写一个简易的“新华书店计算器”来精确地计算最终文具的总价。为了便于实现，限定购买两样文具，运行效果如图6.1所示。

新华书店计算器

文具商品1单价	
文具商品1数量	
文具商品2单价	
文具商品2数量	
计算	

图6.1 项目运行效果

【问题引导】

（1）如何创建文具类？

（2）如何创建文具对象来描述文具？

（3）如何计算文具价格？

6.2 技术与知识准备

6.2.1 类与对象

面向对象编程（Object Oriented Programming，OOP）是一种计算机编程架构。OOP 的一条基本原则是计算机程序是由单个能够起到子程序作用的单元或对象组合而成。OOP 实现了软件工程的三个目标：重用性、灵活性和扩展性。

类是面向对象编程中的基本单位，它是具有相同属性和功能方法的集合。在类中拥有两个基本的元素：成员属性和成员方法。

对象是类的实例，对象拥有该类的所有属性和方法。因此，对象建立在类基础上，类是产生对象的基本单位。

1. 类的定义

```
<?php
class student
{
 public $name = "张三";
function getStuInfo()
{return $this->name;}
}
 ?>
```

在这个程序段中，定义了一个 student 的类，$name 是这个类的成员属性，getStuInfo 是成员方法。class、function 是 PHP 中内置的关键字。$this 表示实例本身，在成员方法中用$this访问本类中的成员属性，或者访问本类中的其他方法。public 表示可访问级别。表 6.1 列出了成员属性的可访问的修饰符及其意义。

表 6.1 面向对象成员的可访问修饰符

访问修饰符	意义
public	访问不受限制，可以被随意存取
private	访问仅限于本类
protected	访问仅限于本类或者从本类派生的类

2. 类的实例化

```
<?php
class student
{
    public $name = "张三";
function getStuInfo()
{
return $this->name;}
}
$stu = new student();
echo $stu->getStuInfo();
?>
```

在这个程序段中，$stu 就是一个对象，类的实例化是通过关键字 new 来进行的。对象实例化过程中的参数是可选的，并且一个类可以实例化多个对象。

3. 注意点

(1) 类名不可以与内置关键字或函数重名。

(2) 类名只能英文大小写字母或_开头。

(3) 如果类名是多个单词的组合，则建议从第二个单词开始首字母大写。

【示例 1】新建汽车类，实现如图 6.2 所示效果。

奔驰在奔跑

图 6.2　类示例

关键代码如下所示：

```
<?php
class car
{
    public $name = "";
    function getInfo()
    {
        return $this->name."在奔跑";
        }

    function setInfo($n)
    {
        $this->name =$n;
        }}
```

```
    $ca = new car();
    $ca -> setInfo("奔驰");
    echo $ca -> getInfo();
?>
```

【示例2】定义圆柱体体积的类 CylinderVol，定义圆柱体表面积的类 CylinderArea，要求计算表面积和体积，运行结果如图 6.3 所示。

表面积：62.8
体积：37.68

图 6.3 圆柱体体积和表面积

关键代码如下所示：

```
<?php
class CylinderArea
{
    public $r;
    public $h;
    function cal()
    {
        return $this -> r * 2 * 3.14 * $this -> h + 2 * 3.14 * $this -> r
* $this -> r. '<br >';
        }
    function setInfo($m,$n)
    {
        $this -> r = $m;
        $this -> h = $n;
        }
    }
        class CylinderVol
{
    public $r;
    public $h;
    function cal()
    {
        return $this -> r * $this -> r * $this -> h * 3.14;
```

```
        }

    function setInfo($m,$n)
    {
        $this ->r =$m;
        $this ->h =$n;
        }
        }
    $f1 =new CylinderArea();
    $f1 ->setInfo(2,3);
    echo"表面积:";
    echo $f1 ->cal();
    $f2 =new CylinderVol();
    $f2 ->setInfo(2,3);
    echo"体积:";
    echo $f2 ->cal();
?>
```

6.2.2　构造方法与析构方法

大多数类都有一个称为构造方法的特殊方法。当创建一个对象时，它将自动调用构造方法，也就是使用 new 关键字来实例化对象时自动调用构造方法。构造方法的声明与其他操作的声明一样，就是其名称必须是__construct( )。这里要注意的是，construct 前面是两个下划线。在一个类中只能声明一个构造方法，并且在每次创建对象时都会调用一次构造方法，不能主动地调用这个方法，通常用它执行一些初始化任务。

【示例 3】将示例 2 改用构造方法来实现初始化。

```
 <?php
 class CylinderArea
 {
     public $r;
     public $h;
     function cal()
 {
         return $this ->r *2 *3.14 *$this ->h +2 *3.14 *$this ->r
*$this ->r.'<br >';
```

```
    }
  function __construct($m,$n)
  {
     $this ->r =$m;
     $this ->h =$n;
     }
  }
     class CylinderVol
{
  public $r;
  public $h;
  function cal()
  {
     return $this ->r *$this ->r *$this ->h *3.14;
     }
  function __construct($m,$n)
     {
      $this ->r =$m;
      $this ->h =$n;
     }
     }
  $f1 =new CylinderArea(2,3);
  echo"表面积:";
  echo $f1 ->cal();
  $f2 =new CylinderVol(2,3);
  echo"体积:";
  echo $f2 ->cal();
  ?>
```

【示例4】定义学生类，实现如图6.4所示效果。

学号：14001 姓名：董杰 班级：电商1411
学号：14002 姓名：朱双双 班级：电商1411
学号：15003 姓名：程露 班级：电商1531

图6.4 构造方法示例

关键代码如下所示：

```
<?php
class Student
{
    public $no;
    public $name;
    public $bj;
    function __construct($n,$nam,$b)
    {
        $this ->no =$n;
        $this ->name =$nam;
        $this ->bj =$b;
        }
        function showStudent()
        {
            echo"学号:". $this ->no. "姓名:". $this ->name. "班
级:". $this ->bj. "<br >";
            }
    }
    $stu1 =new Student("14001","董杰","电商 1411");
    $stu1 ->showStudent();
    $stu2 =new Student("14002","朱双双","电商 1411");
    $stu2 ->showStudent();
    $stu3 =new Student("15003","程露","电商 1531");
    $stu3 ->showStudent();
?>
```

与构造方法相对的是析构方法，析构方法是 PHP5 新添加的内容。析构方法允许在销毁一个类前执行一些操作或完成一些功能，如关闭文件、释放结果集等。析构方法会在某个对象的所有引用都被删除或者当前对象被显示销毁时执行，也就是说，对象在内存中被销毁前调用析构方法。一个类的析构方法名称必须是__destruct。

【示例 5】析构方法示例，如图 6.5 所示：

学号：14001 姓名：董杰 班级：电商1411
14001析构函数被调用

图 6.5　析构方法示例

关键代码如下所示：

```
<?php
class Student
{
    public $no;
    public $name;
    public $bj;
    function __construct($n,$nam,$b)
    {
        $this->no=$n;
        $this->name=$nam;
        $this->bj=$b;
        }
        function __destruct()
        {
            echo $this->no."析构函数被调用<br>";
            }
        function showStudent()
        {
            echo"学号:".$this->no."姓名:".$this->name."班
级:".$this->bj."<br>";
            }
    }
    $stu1=new Student("14001","董杰","电商1411");
    $stu1->showStudent();
?>
```

6.2.3 继承与重载

面向对象编程的三大基本要素是继承、封装和多态。继承是PHP5面向对象程序设计的重要特性之一，它是指建立一个新的派生类，从一个或多个先前定义的类中继承数据和函数，并且可以重新定义或加进新数据和函数，从而建立了类的层次或等级。如果一个类A继承自另一个类B，就把A称为B的子类，而把B称为A的父类。继承可以使得子类具有父类的各种属性和方法，而不需要再次编写相同的代码。在令子类继承父类的同时，可以重新定义某些属性，并可以重写某些方法，即覆盖父类的原有属性和方法，使其获得与父类不同的功能。另外，为子类追加新的属性和方法也是常见的做法。在PHP中只有单继承，一个类只能直接从一个类中继承数据。在PHP中，方法是不能重载的。这里所指的重载新的方法是指子类覆盖父类已有的方法。

【示例6】定义父类person，定义子类student和teacher，实现如图6.6所示效果。

姓名 年龄 性别 电话
王芳 30岁 女 13912912121
职工号 科室
A001 电子商务
姓名 年龄 性别 电话
董杰 18岁 男 18051236969
学号 班级
14001 电商1411

图6.6　继承示例

关键代码如下所示：

```
<?php
class person
{
    public $name;
    public $age;
    public $sex;
    public $tel;
    function __construct($n,$a,$s,$t)
    {
        $this->name=$n;
        $this->age=$a;
        $this->sex=$s;
        $this->tel=$t;
            }
            function show()
            {
                echo"姓名\t 年龄\t 性别\t 电话<br>";
                echo
$this->name."\t".$this->age."\t".$this->sex."\t".$this->
tel."<br>";
                }
        }
```

```
        class student extends person
        {
            public $sno;
            public $bj;
            function __construct($n,$a,$s,$t,$sn,$b)
        {
            parent::__construct($n,$a,$s,$t);
            $this->sno=$sn;
            $this->bj=$b;
                  }
                  function show()
                  {
                  parent::show();
                      echo"学号\t 班级<br>";
                      echo$this->sno."\t".$this->bj."<br>";
                  }
        }
        class teacher extends person
        {
            public $tno;
            public $office;
            function __construct($n,$a,$s,$t,$tn,$o)
    {
        parent::__construct($n,$a,$s,$t);
        $this->tno=$tn;
        $this->office=$o;
              }
              function show()
              {
              parent::show();
                  echo"职工号\t 科室<br>";
                  echo $this->tno."\t".$this->office."<
br>";
                  }
        }
```

```
$teacher = new teacher( "王芳","30 岁","女","13912912121 ","
A001","电子商务");
$teacher -> show();
$student = new student( "董杰","18 岁","男","18051236969 ","
14001","电商1411");
$student -> show();
?>
```

在上面的代码中，定义了父类 person 类，两个子类 student 和 teacher 类分别继承了 person 类中的所有成员属性和成员方法，并扩展了各自的成员属性。两个子类覆盖了继承父类的 show( )方法，从而实现了对方法的扩展。在本示例两个子类的 show 方法中，使用“parent::show( )”调用父类中被覆盖的方法。parent 指的是子类在 extends 声明中所指的父类的名称。同样，在子类中重新定义了一个构造方法，也会覆盖父类中的构造方法。

6.2.4　封装

封装性是面向对象编程中的三大特性之一。封装性就是把对象的属性和服务结合成一个独立的单位，并尽可能隐藏对象的内部细节。封装性包含两层含义：一是把对象的全部属性和全部服务结合在一起，形成一个不可分割的独立单位(即对象)；二是信息隐藏，即尽可能隐藏对象的内部细节，对外形成一个边界，只保留有限的对外接口，使之与外部发生联系。可以使用 private 关键字来对属性和方法进行封装。通过 private 可以把成员封装。封装了的成员不能被类的外部代码直接访问，只有内部对象可以访问。

例如：

```
<?php
class car
{
    private $name = "";
    function setInfo($n)
    {
        $this ->name =$n;
        }}
    $ca =new car();
    $ca ->setInfo( "奔驰");
    echo $ca ->name;//该语句错误
?>
```

上述代码是错误的，私有成员不能被外部访问，因为私有成员只能在本对象内部自己访问。如$ca 对象，不能调用私有成员$name。

6.2.5 多态

多态是指在面向对象中能够根据使用类的上下文来重新定义或改变类的性质和行为。PHP 不支持重载实现多态，但是 PHP 可以变向地实现多态效果。

【示例 7】多态示例，运行效果如图 6.7 所示。

```
<?php
class lfs
{
    public function cut()
    {
        echo"理发师在剪发！<br/>";
        }
    }
class dy
{
    public function cut()
    {
        echo"导演喊暂停！<br/>";
    }
}
function doing($obj)
{
        if($obj instanceof lfs){
            $obj->cut();
        }elseif($obj instanceof dy){
            $obj->cut();
        }else
        {
            echo"没有这个对象!";
        }
}
doing(new dy());
?>
```

导演喊暂停!

图 6.7　多态示例

6.2.6　抽象方法和抽象类

人们在类里面定义的没有方法体的方法就是抽象方法。所谓没有方法体，指的是在方法声明的时候没有大括号及其中的内容，而是在声明时直接在方法名小括号后加上分号结束。另外，在声明抽象方法时还要加一个关键字 abstract 来修饰。抽象类也是使用 abstract 关键字来修饰的。在抽象类中至少有一个方法是抽象方法，用 abstract 来修饰类。抽象类不能产生实例对象，所以不能直接使用。子类继承抽象类之后，将抽象类里面的抽象方法按照子类的需要实现。子类必须把父类中的抽象方法全部实现，否则子类中还存在抽象方法，那么子类还是抽象类，不能实例化。

6.3　项目训练

通过对以上内容的学习，了解了类的创建方法、构造方法的编写方法、继承的实现方法等。现在回到项目导入的任务中来。

【步骤 1】创建站点 mywebsite，站点文件夹为 C:\myweb。

【步骤 2】修改 Apache 的配置文件，改变网站的保存路径。

【步骤 3】新建文件，取名为 stationeryCal. php，保存在 chapter06 文件夹中。

【步骤 4】进行页面布局，代码如下所示：

```
    <form action = ""method = "post" >
      <table width = "400"border = "1" >
      <caption >新华书店计算器 </caption >
        <tr >
          <td >文具商品 1 单价 </td >
          <td ><input type = "text"name = "p1"id = "textfield" >
</td >
        </tr >
        <tr >
          <td >文具商品 1 数量 </td >
          <td ><input type = "text"name = "num1"id = "textfield2" >
</td >
        </tr >
        <tr >
```

```
        <td>文具商品 2 单价</td>
        <td><input type="text"name="p2"id="textfield3">
</td>
      </tr>
      <tr>
        <td>文具商品 2 数量</td>
        <td><input type="text"name="num2"id="textfield4">
</td>
      </tr>
      <tr>
        <td colspan="2"align="center"><input type="submit"
name="cal"id="button"value="计算"></td>
        </tr>
      </table>
    </form>
```

【步骤 5】编写 PHP 代码:

```
    <?php
    class price
    {
        private $num1;
        private $num2;
        private $price1;
        private $price2;
        function __construct($n1,$n2,$n3,$n4)
        {
            $this->num1=$n1;
            $this->num2=$n2;
            $this->price1=$n3;
            $this->price2=$n4;
        }
        function Cal()
        {
            $sum=$this->num1*$this->price1+$this->num2*$
this->price2;
            return $sum;
```

```
        }
    }
    if(isset($_POST["cal"]))
    {
        $p1 =$_POST["p1"];
        $p2 =$_POST["p2"];
        $num1 =$_POST["num1"];
        $num2 =$_POST["num2"];
        $calculator =new price($num1,$num2,$p1,$p2);
        $sum =$calculator ->Cal();
        echo"购买商品1:". $num1. "件,单价:". $p1. "元<br>";
        echo"购买商品2:". $num2. "件,单价:". $p2. "元<br>";
        echo"总计为:". $sum;
        }
?>
```

【步骤6】浏览效果如图6.8所示。

购买商品1:6件，单价:3元
购买商品2:4件，单价:2元
总计为：26

图6.8　新华书店计算器

6.4　平行项目训练

1. 训练内容

设计一个学生信息系统，实现如图6.9所示效果。

学号:1201 姓名:王丽 性别:女 籍贯:江苏太仓 年级:二（4）班
学号:13001 姓名:孙明 性别:男 籍贯:江苏南京 所在院系:软件与服务外包学院

图6.9　学生信息系统

2. 训练目的

（1）掌握面向对象思想，学会类的创建、属性和方法的定义；

（2）学会对象的创建及继承的运用等。

3. 训练过程

【步骤1】新建页面，取名为stu. php，保存在chapter06文件夹中。

【步骤2】编写代码如下：

```
<?php
class Student
{
    private $sno;
    private $sname;
    private $sex;
    private $address;
    function __construct($a,$b,$c,$d)
    {
        $this->sno=$a;
        $this->sname=$b;
        $this->sex=$c;
        $this->address=$d;
        }
    function showInfo()
    {
        echo"学号:".$this->sno."\t 姓名:".$this->sname."\t
性别:".$this->sex."\t 籍贯:".$this->address;
        }
    }
    class xStudent extends Student
    {
        private $nianji;
        function __construct($a,$b,$c,$d,$e)
        {
        parent::__construct($a,$b,$c,$d);
        $this->nianji=$e;
        }
        function showInfo()
    {
        parent::showInfo();
        echo"\t 年级:".$this->nianji."<br>";
        }
    }
```

```
    class dStudent extends Student
    {
        private $department;
        function __construct($a,$b,$c,$d,$e)
        {
        parent::__construct($a,$b,$c,$d);
        $this ->department =$e;
        }
        function showInfo()
    {
        parent::showInfo();
        echo"\t 所在院系:". $this ->department. " <br > ";
        }
        }
  $xstu =new xStudent("1201","王丽","女","江苏太仓","二(4)班");
  $xstu ->showInfo();
  $xstu =new dStudent("13001","孙明","男","江苏南京","软件与服
务外包学院");
  $xstu ->showInfo();
  ?>
```

运行结果如图6.9所示。

6.5　总结

本单元通过简单项目示例，介绍了类和对象的概念、类的成员属性和成员方法的定义、构造方法和析构方法的定义及应用等，又详细介绍了面向对象编程的三大基本要素：继承、封装和多态。通过贯穿项目“新华书店计算器”和平行项目“学生信息系统”系统地学习了类的定义和实例化、构造方法的运用等，使学生对面向对象编程有一个具体的了解。

6.6　习题

1. 构造方法的作用是什么？如何定义构造方法？
2. 修改平行项目，改用成员方法来实现成员属性的初始化。

第7章

表单设计

本章要点

· 了解表单的常用属性
· 掌握表单控件内容的检测方法
· 掌握网页中调用 JavaScript 脚本的方法

技能目标

· 能检查提交表单数据的正确性
· 能在表单中正确插入文本域、文本区域等表单控件
· 能熟练设置表单控件的属性

7.1 项目导入

【项目场景】

开发一个人事管理系统，能够实现人员的注册功能，运行结果如图7.1所示。

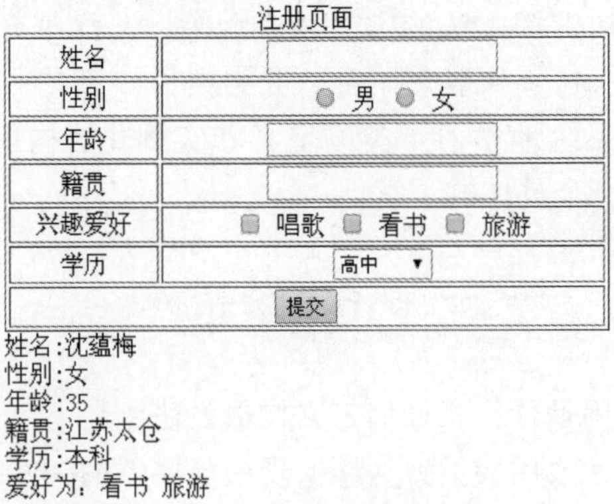

注册页面

姓名	
性别	男 女
年龄	
籍贯	
兴趣爱好	唱歌 看书 旅游
学历	高中
提交	

姓名:沈蕴梅
性别:女
年龄:35
籍贯:江苏太仓
学历:本科
爱好为：看书 旅游

图7.1 注册页面

【问题引导】

（1）如何设置单选按钮、复选框属性？

（2）如何获取表单控件的值？

（3）如何获取复选框的值？

7.2　技术与知识准备

7.2.1　表单

一个网站不仅需要各种供用户浏览的网页，并且需要与用户进行交互的表单。表单是实现用户调查、产品订单、对象搜索设置等功能的重要手段。通常情况下，表单中包含多个表单控件，例如输入文本的文本域、提交按钮等。

7.2.2　表单控件

常常我们使用在一个网页中数据提交标签，比如我们留言板、评论等可以填写数据，标签提交处理地方都需要表单标签，而 form 表单标签内放输入框 input、单选、多选、提交按钮等标签内容，而输入框、单选、多选、按钮等控件都可以使用表单标签 input 实现，只需赋予不同 type 值即可实现不同表单控件功能。

1. <input>标签

主要用于收集用户信息，可根据不同的 type 属性值，拥有多种形式，见表 7.1。

表 7.1　input 标签

type 值	控件名	属性说明
text	文本域	readonly 属性：是否只读
button	按钮	value 属性：button 按钮显示的文本
checkbox	复选框	checked 属性：是否选中
radio	单选按钮	name 属性：指定多个单选框在一个区域里进行单选操作
file	文件域	maxlength：最多字符数 size：文件域的长度
image	图像域	src 属性：指定图片存放的路径 title 属性：鼠标移到图上显示的文本 alt：图片加载失败或关闭时显示的文本
hidden	隐藏域	value：隐藏域显示的值

2. <select>标签

可创建单选或多选菜单，类似于 winform 的 combox 或 listbox。

3. <textarea>标签

多行文本区域，可以通过 cols 和 rows 属性来设定 textarea 的尺寸。

rows{int}：表示显示的行数。

cols{int}：表示显示的列数。

readonly{boolean}：是否只读。

7.2.3 $_POST、$_GET 和 $_SESSION

1. $_POST 变量

预定义的$_POST 变量用于收集来自 method = "post" 的表单中的值。从带有 POST 方法的表单发送的信息对任何人都是不可见的（不会显示在浏览器的地址栏），并且对发送信息的量也没有限制。然而，默认情况下，POST 方法发送信息量的最大值为 8 MB。

2. $_GET 变量

$_GET 变量是一个数组，内容是由 HTTP GET 方法发送的变量名称和值。该变量用于收集来自 method = "get" 的表单中的值。从带有 GET 方法的表单发送的信息，对任何人都是可见的（会显示在浏览器的地址栏），并且对发送的信息量也有限制（最多 100 个字符）

3. $_SESSION

PHP session 用法其实很简单，它可以把用户提交的数据以全局变量形式保存在一个 session 中，并且会生成唯一的 session_id，这样即使数量很多，也不会产生混乱。此外，session 中同一浏览器的同一站点只能有一个 session_id。

（1）启动会话。

```
session_start();
```

（2）保存会话变量。

将会话变量保存在$_SESSION 中，例：

```
$_SESSION["CURRENT_USER"] =$curUser;
```

（3）使用会话变量。

```
if(isset($_SESSION["CURRENT_USER"]))
$current_user =$_SESSION[“CURRENT_USER”];
```

isset()：检查变量是否被设置，即是否被赋值。

（4）删除会话。

```
unset($_SESSION["CURRENT_USER"]);
```

unset()：释放给定的变量，即销毁这个变量。

【示例】新建用户登录页面，实现用户登录功能，如果用户名和密码正确，则跳转到欢迎页面，显示欢迎；否则，跳转到登录页面。

（1）新建登录页面 login. php，运行效果如图 7. 2 所示。

```
<form action="dologin.php"method="post">
<table width="400"border="1"align="center">
<caption>用户登录系统</caption>
  <tr>
    <td align="center">用户名:</td>
    <td align="center"><input type="text"name="uname"/></td>
  </tr>
  <tr>
    <td align="center">密  码:</td>
    <td align="center"><input type="password"name="pwd"/></td>
  </tr>
  <tr>
    <td align="center"><input type="submit"value="登录"/></td>
    <td align="center"><input type="reset"value="重置"/></td>
  </tr>
</table>
</form>
```

用户登录系统

用户名：	
密　码：	
登录	重置

图 7. 2　登录页面

（2）新建 dologin. php，用来判断用户名和密码是否正确。

```
<?php
session_start();
if(($_POST["uname"]=="沈蕴梅")&&($_POST["pwd"]=="123"))
{
$_SESSION["un"]=$_POST["uname"];
$_SESSION["m"]=$_POST["pwd"];
header("location:welcome.php");
}
else header("location:login.php");
?>
```

（3）新建欢迎页面 welcome. php，显示效果如图 7. 3 所示。

```
<?php
session_start();
if(isset($_SESSION["un"])&& isset($_SESSION["m"]))
    echo"欢迎您,". $_SESSION["un"];
else header("location:login.php");
?>
```

欢迎您，沈蕴梅

图 7. 3　欢迎页面

7. 3　项目训练

通过对以上内容的学习，了解了表单及表单控件的基本操作，现在回到项目导入的任务中来。

【步骤 1】新建 register. php 文件，进行页面布局。

```
<form action="doregister.php"method="get">
<table width="400"border="1">
<caption>注册页面</caption>
  <tr>
    <td align="center">姓名</td>
    <td align="center"><input type="text"name="name"
id="textfield"></td>
  </tr>
  <tr>
```

```
        <td align = "center" >性别 </td >
        <td align = "center" >< input type = "radio"name = "sex"
id = "radio"value = "男" >
          男
          <input type = "radio"name = "sex"id = "radio2 "value = "女" >
          女 </td>
      </tr >
      <tr >
        <td align = "center" >年龄 </td >
        <td align = "center" >< input type = "text"name = "age"id = "
textfield2" ></td >
      </tr >
      <tr >
        <td align = "center" >籍贯 </td >
        <td align = "center" >< input type = "text"name = "jg"id = "
textfield3" ></td >
      </tr >
      <tr >
        <td align = "center" >兴趣爱好 </td >
        <td align = "center" >< input type = "checkbox"name = "like
[]"id = "checkbox"value = "唱歌" >
          唱歌
            < input type = "checkbox"name = "like[ ]"id = "check-
box2 "value = "看书" >
            看书
          < input type = "checkbox"name = "like[ ]"id = "checkbox3 "
value = "旅游" >
          旅游 </td >
      </tr >
      <tr >
        <td align = "center" >学历 </td >
        <td align = "center" ><select name = "xl"id = "select" >
          <option >高中 </option >
          <option >本科 </option >
          <option >研究生 </option >
```

```
        </select></td>
      </tr>
        <tr>
          <td colspan="2"align="center"><input type="submit"
name="sub"id="button"value="提交"></td>
          </tr>
    </table>
    </form>
```

【步骤2】编写PHP代码，如下所示：

```
    <?php
         echo"姓名:".$_GET["name"]."<br>";
         echo"性别:".$_GET["sex"]."<br>";
         echo"年龄:".$_GET["age"]."<br>";
         echo"籍贯:".$_GET["jg"]."<br>";
         echo"学历:".$_GET["xl"]."<br>";
   $arr=$_GET["like"];
   echo"爱好为:";
   foreach($arr as $value){
   echo $value."";
         }
   ?>
```

保存运行，效果如图7.1所示。

7.4 平行项目训练

1. 训练内容

开发一个猜数游戏，运行结果如图7.4～图7.7所示。

[   ] 试一下手气

图7.4 猜数1

2. 训练目的

(1) 进一步训练和巩固学生对$_SESSION的理解；

(2) 使学生能够灵活运用表单、表单控件等。

3. 训练过程

【步骤1】新建guess.php，编写如下代码：

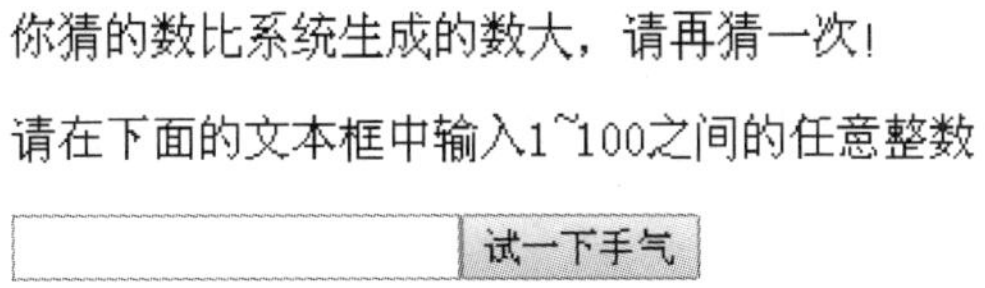

你猜的数比系统生成的数大，请再猜一次！

请在下面的文本框中输入1~100之间的任意整数

试一下手气

图7.5　猜数2

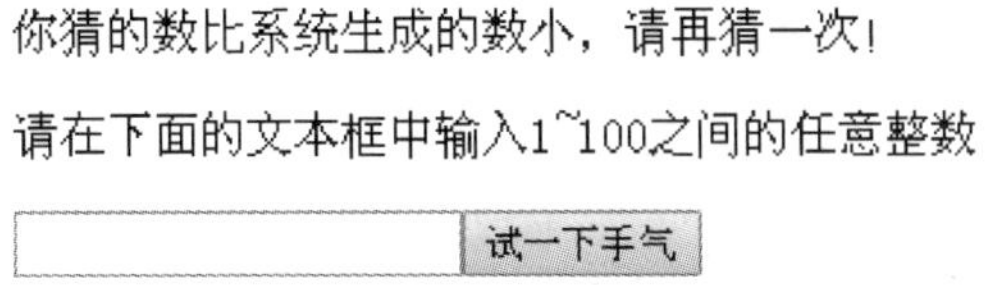

你猜的数比系统生成的数小，请再猜一次！

请在下面的文本框中输入1~100之间的任意整数

试一下手气

图7.6　猜数3

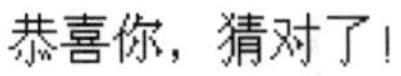

恭喜你，猜对了！

图7.7　猜数4

```
请在下面的文本框中输入1~100之间的任意整数<br>
<form action="control.php"method="post">
<input type="hidden"name="snum"value="<?php echo rand(1,100); ?>">
<input type="text"name="num"><input type="submit"value="试一下手气">
</form>
```

【步骤2】新建control. php，编写如下代码：

```
<?php
session_start();
$_SESSION["snum"]=$_POST["snum"];
if($_POST["num"]==$_POST["snum"])header("location:ok.php");
else if($_POST["num"]>$_POST["snum"])header("location:larger.php");
else header("location:smaller.php");
?>
```

【步骤3】新建larger. php，编写如下代码：

```
你猜的数比系统生成的数大,请再猜一次!
请在下面的文本框中输入1~100之间的任意整数<br>
<?php session_start(); ?>
```

```
<form action = "control.php"method = "post" >
<input type = "hidden"name = "snum"value = " <?php if(isset
($_SESSION[ "snum"]))echo $_SESSION[ "snum"];? > " >
<input type = "text"name = "num" >< input type = "submit"val-
ue = "试一下手气" >
</form >
```

【步骤4】新建 smaller. php，编写如下代码：

```
你猜的数比系统生成的数小,请再猜一次!
请在下面的文本框中输入1 ~100 之间的任意整数 <br >
<?php session_start(); ?>
<form action = "control.php"method = "post" >
<input type = "hidden"name = "snum"value = " <?php if(isset
($_SESSION[ "snum"]))echo $_SESSION[ "snum"];? > " >
<input type = "text"name = "num" >< input type = "submit"val-
ue = "试一下手气" >
</form >
```

【步骤5】新建 ok. php，编写如下代码：

```
<body >
恭喜你,猜对了!
</body >
```

7.5 总结

本单元通过简单项目示例，介绍了表单及表单控件的使用，同时通过一个具体的案例讲述了$_SESSION 及$_POST 的运用，通过贯穿项目“人事管理系统”和平行项目“猜数游戏”系统地学习了复选框、单选按钮等表单控件的应用，以及$_SESSION的使用等，使学生对表单设计有比较清晰的了解。

7.6 习题

1. 简述$_GET 及$_POST 的区别。
2. 简述$_SESSION 的作用。
3. 简述如何获取多选框的值。

第8章

MySQL 数据库

本章要点

- 了解 MySQL 数据库的发展历史和特点
- 掌握 MySQL 服务器的启动、连接和关闭
- 掌握 MySQL 数据库的基本操作

技能目标

- 能熟练掌握 SQL 查询语句
- 能熟练运用 MySQL 数据库的图形管理工具
- 能熟练创建 MySQL 数据库、新建数据表
- 能熟练掌握 MySQL 数据库的导入/导出

8.1 项目导入

【项目场景】

小李领导要求小李给梅杰中学开发一个学生成绩管理系统，要求在 MySQL 中新建数据库 db_Exam，再新建数据表 tb_scoreinfo，具体表结构见表 8.1。

表 8.1 学生成绩一览表

字段名称	数据类型	长度	是否允许为空	是否为主键	说明
sno	VARCHAR	15	否	是	学号
sname	VARCHAR	30	否		姓名
chinesescore	INT	4	否		语文成绩
englishscore	INT	4	否		英语成绩
mathscore	INT	4	否		数学成绩

续表

字段名称	数据类型	长度	是否允许为空	是否为主键	说明
physicsscore	INT	4	否		物理成绩
chemistryscore	INT	4	否		化学成绩

【问题引导】

（1）如何启动、连接和关闭服务器？

（2）如何操作 MySQL 数据库？

（3）如何新建数据库、数据表？

8.2 技术与知识准备

MySQL 创建数据库表可以采用命令行方式，也可以采用 phpMyAdmin 工具图形界面方式。

8.2.1 MySQL 数据库概述

MySQL 数据库是目前最为流行的开放源码的数据库，是完全网络化的跨平台的关系型数据库系统。它是瑞典 MySQL AB 公司开发的，目前属于 Oracle 旗下产品。在 Web 应用方面，MySQL 是最好的关系数据库管理系统（Relational Database Management System，RDBMS）应用软件之一。MySQL 将数据保存在不同的表中，而不是将所有数据放在一个大仓库内，这样就增加了速度，并提高了灵活性。MySQL 所使用的 SQL 语言是用于访问数据库的最常用的标准化语言。MySQL 软件采用了双授权政策，它分为社区版和商业版，由于其体积小、速度快、总体拥有成本低，尤其是开放源码这一特点，一般中小型网站的开发都选择 MySQL 作为网站数据库。由于其社区版的性能卓越，搭配 PHP 和 Apache 可组成良好的开发环境。

8.2.2 MySQL 数据库的基本操作

1. 创建数据库

MySQL 创建数据库表可以采用命令行方式，也可以使用 phpMyAdmin 工具图形界面方式。本教材采用 phpMyAdmin 的方式创建数据库表。

【步骤 1】打开 phpMyAdmin 图形化管理界面。

有两种打开方式：

（1）在浏览器地址栏中输入“http://localhost/phpmyadmin”。

（2）单击任务栏右下角的“wampserver”，在弹出的菜单中单击“phpMyAdmin”，如图 8.1 所示。

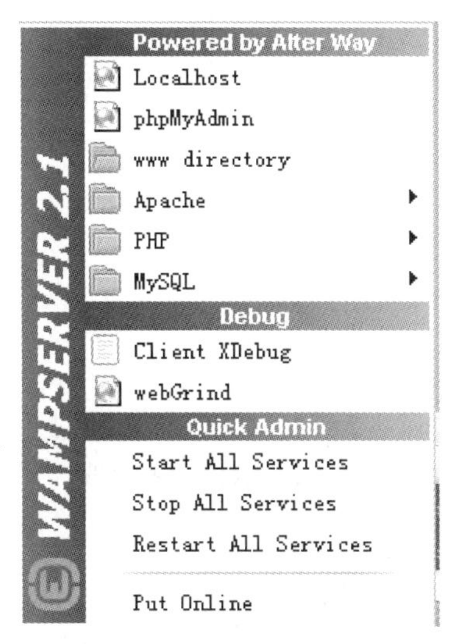

图 8.1　运行 phpMyAdmin

【步骤 2】在打开的界面中，在新建数据库后面输入数据库名“newsitedata”，在“整理”下拉列表框中，选择“utf8_general_ci”项，单击“创建”按钮，如图 8.2 所示。

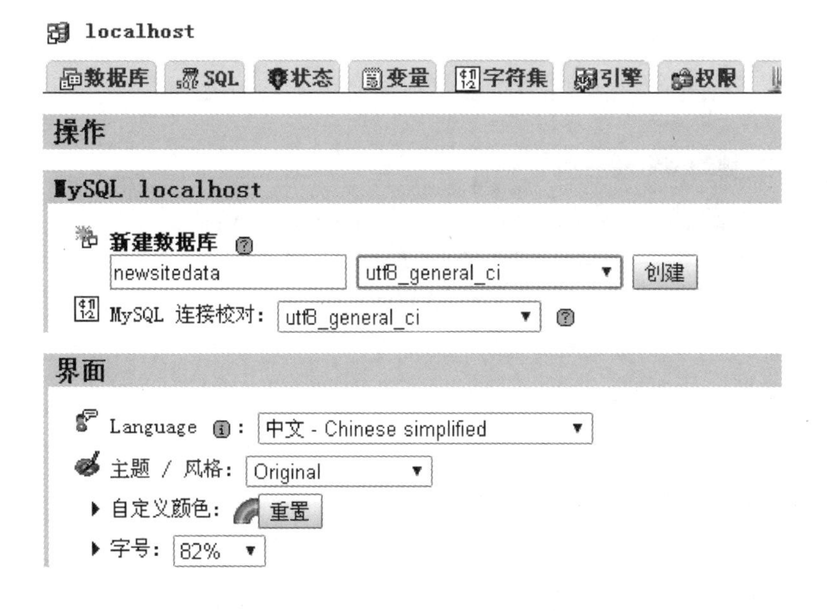

图 8.2　新建数据库

【步骤 3】创建完成后，就可以在页面的左侧看到新创建的数据库了，如图 8.3 所示。

图 8.3 数据库一览表

2. 修改数据库

【步骤 1】在左侧选中需要操作的数据库名称“newsitedata”，在右侧选中“操作”选项卡，如图 8.4 所示。

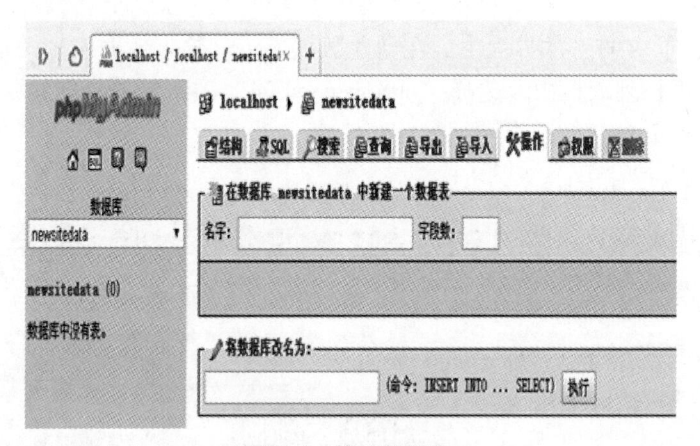

图 8.4 修改数据库

【步骤 2】在“将数据库改名为”后的文本框中输入新的数据库名“db_news”，单击“执行”按钮即可，如图 8.5 所示。

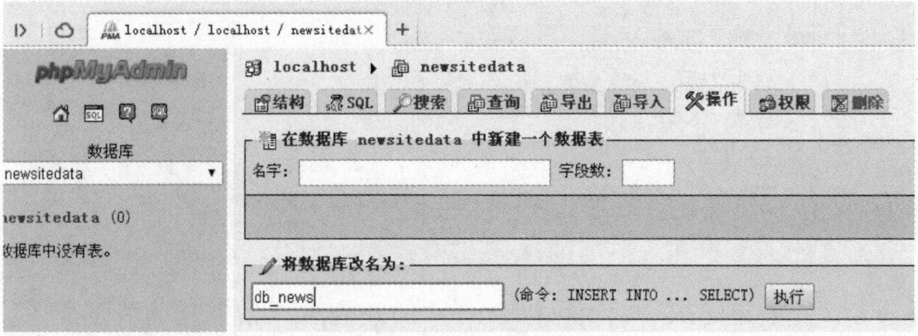

图 8.5 修改数据库

3. 新建数据表

【步骤 1】在左侧选中需要操作的数据库名称“db_news”，在右侧选中“结构”选项卡，在“名字”后输入数据表名“tb_news”，输入字段数“4”，单击“执行”按钮，如图 8.6 所示，表结构见表 8.2。

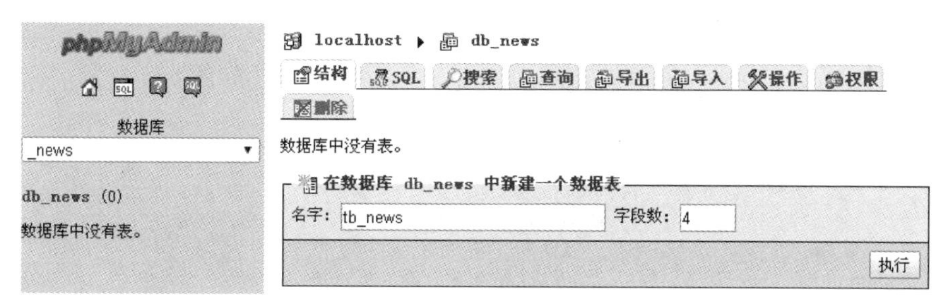

图 8.6　新建数据表

表 8.2　新闻表

字段名称	数据类型	长度	是否允许为空	是否为主键	说明
nid	INT	4	否（自动编号）	为主键（自动增量）	新闻序号
ntitle	VARCHAR	200	否		新闻标题
ncontent	TEXT		否		新闻内容
ntime	DATE		是		新闻更新时间

【步骤 2】进入表名、字段等创建表和管理界面，在表设计器界面中输入各字段名称、数据类型，如图 8.7 所示。

	字段	类型	整理	属性	空	默认	额外	操作
	nid	int(4)			否	无	AUTO_INCREMENT	
	ntitle	varchar(200)	utf8_general_ci		否	无		
	ncontent	text	utf8_general_ci		否	无		
	ntime	date			是	NULL		

全选 / 全不选　选中项：

图 8.7　索引数组

注意：

nid：需在索引下拉列表框中选取“PRIMARY”（为主键），在 A_I 的复选框处打钩，表示是自动增量。

ntime：需在空的复选框处打钩，表示允许为空。

4. 修改数据表。

修改 news 数据表结构，对数据表添加字段，见表 8.3。

表 8.3 添加字段

字段名称	数据类型	长度	是否允许为空	是否为主键	说明
ndepartment	VARCHAR	30	是		新闻发布部门

【步骤 1】在左侧选中数据表“tb_news”，在右侧选中“结构”选项卡，在添加后面输入“1”，选择“于表结尾”，单击“执行”按钮，如图 8.8 所示。

	字段	类型	整理	属性	空	默认	额外	操作
	nid	int(4)			否	无	AUTO_INCREMENT	
	ntitle	varchar(200)	utf8_general_ci		否	无		
	ncontent	text	utf8_general_ci		否	无		
	ntime	date			是	NULL		

全选 / 全不选 选中项:

打印预览 关系查看 规划表结构

添加 1 个字段 于表结尾 于表开头 于 之后 nid 执行

图 8.8 添加字段

【步骤 2】在页面中输入新添加字段的相应信息，输入完成后，单击“保存”按钮，如图 8.9 所示。

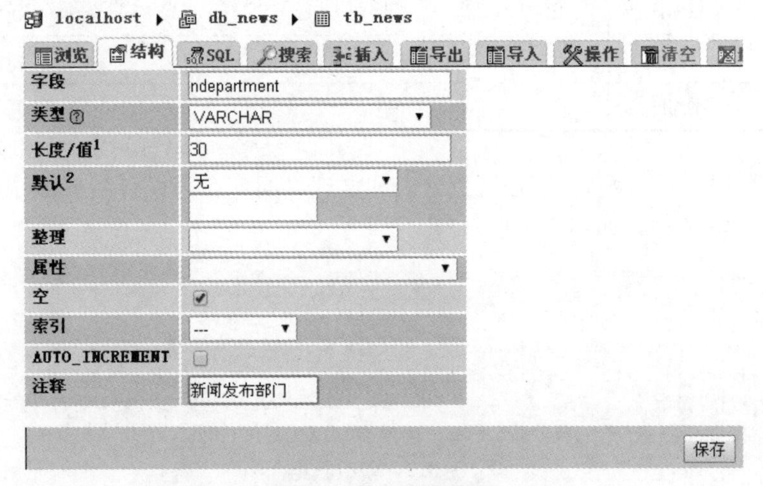

图 8.9 输入字段信息

5. 添加记录

添加的记录信息见表 8.4。

表 8.4 记录表

nid	ntitle	ncontent	ntime	nmanager
1	期末考试通知	2016—2017 学年第一学期期末考试定于 1 月 7 日举行。	2016－12－10	教务处

【步骤 1】在左侧选中数据表，在右侧选中“插入”选项卡，在页面中输入信息，如图 8.10 所示。

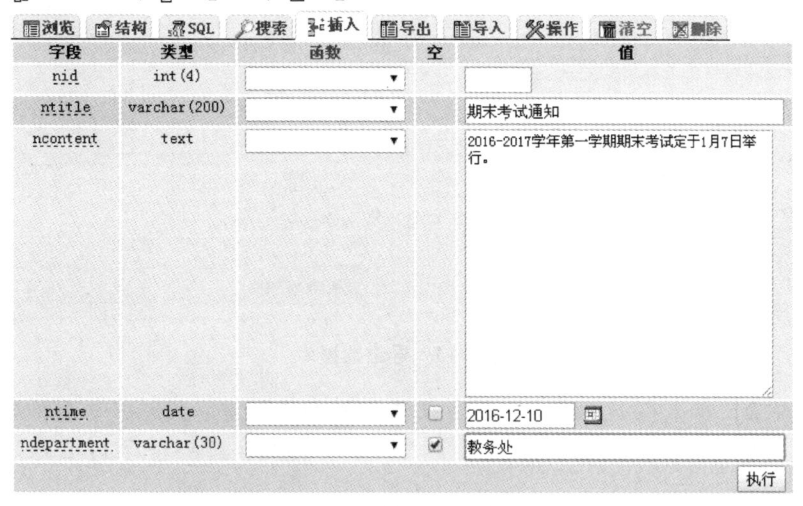

图 8.10　输入记录信息

【步骤 2】单击“执行”按钮之后，出现如图 8.11 所示的界面，表示插入成功。

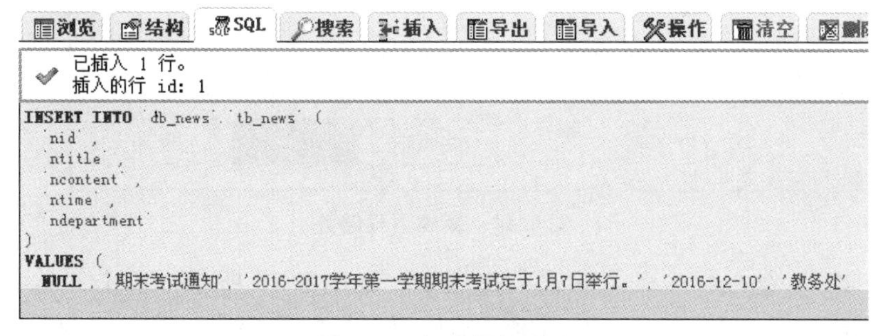

图 8.11　记录添加成功

【步骤 3】在左侧选中数据表，在右侧单击“浏览”按钮，新添加的记录就在数据表中了，如图 8.12 所示。

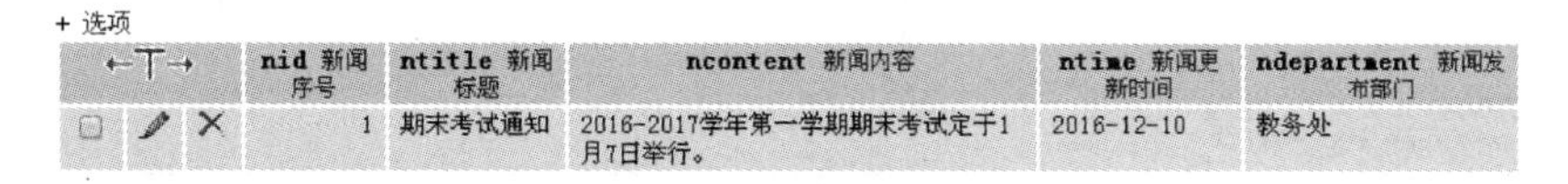

图 8.12　记录添加

6. 导入/导出数据库

【步骤 1】在左侧选中数据库，在右侧选择“导出”选项卡，如图 8.13 所示。

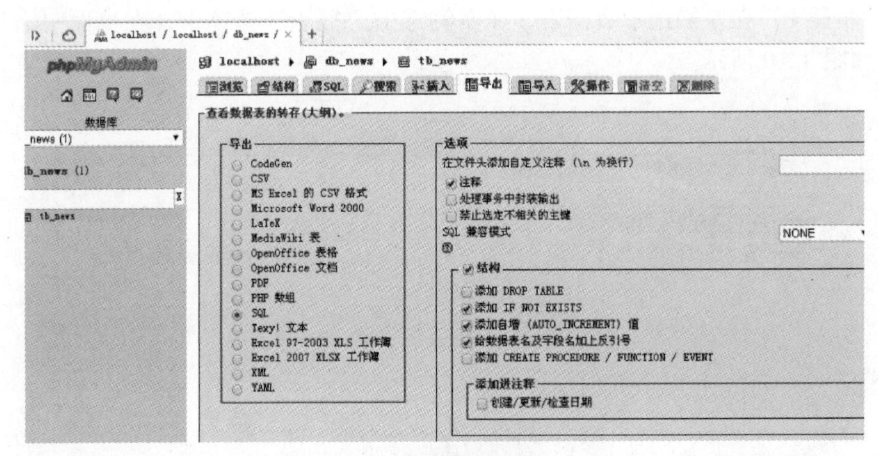

图 8.13　导出数据库

【步骤 2】单击右下角的“执行”按钮，弹出“新建下载任务”对话框，单击“浏览”按钮，保存到相应目录，单击“下载”按钮，就完成了数据库的导出任务，如图 8.14 所示。

新建下载任务
网址：http://localhost/phpmyadmin/export.php
名称：db_news.sql　1 KB
下载到：C:\Documents and Settings\Administr 剩112 GB　浏览
直接打开　下 载　取 消

图 8.14　新建下载任务

【步骤 3】在右侧选择“导入”选项卡，如图 8.15 所示，单击“选择文件”按钮，弹出如图 8.16 所示的对话框，选择要导入的数据库，单击“执行”按钮，就完成数据库的导入工作了。

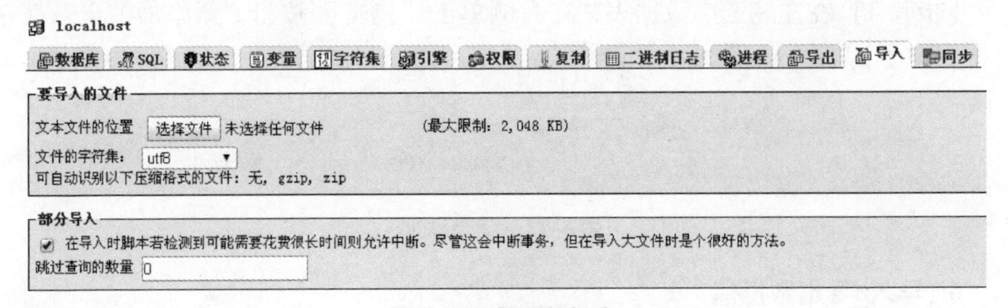

图 8.15　导入数据库

图 8.16　选择要导入的数据库

8.3　项目训练

通过对以上内容的学习，了解了 MySQL 数据库的基本操作，现在回到项目导入的任务中来。

【步骤 1】打开 IE 浏览器，输入“http://localhost/phpmyadmin”，如图 8.17 所示。

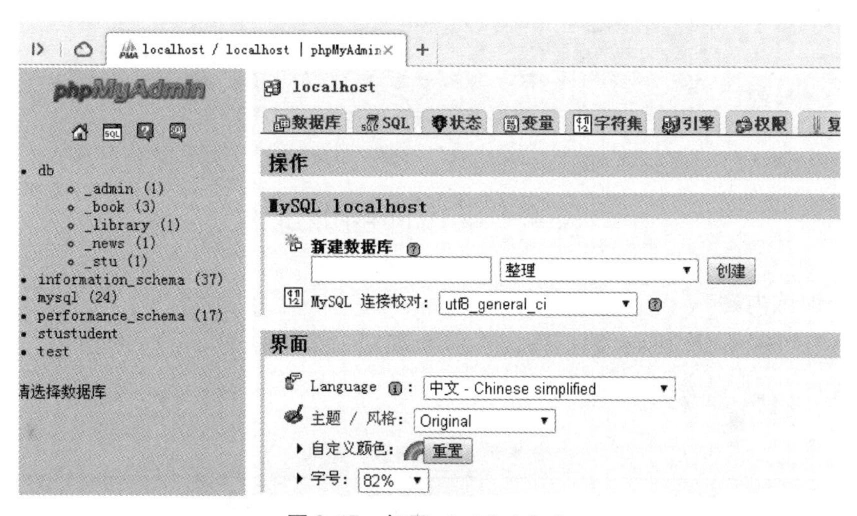

图 8.17　打开 phpMyAdmin

【步骤 2】新建数据库 db_Exam，如图 8.18 所示。

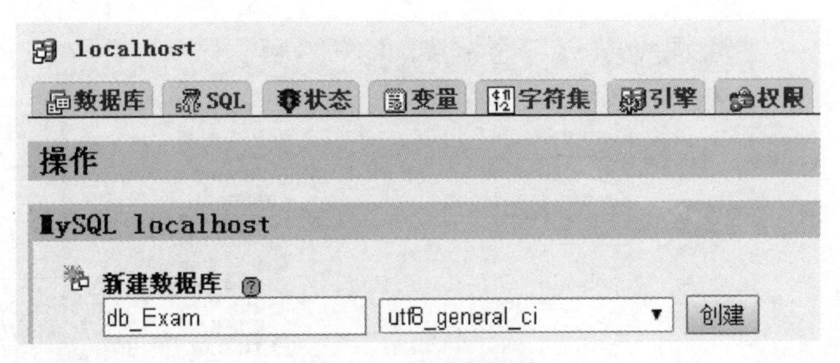

图 8.18　新建数据库

【步骤 3】新建数据表 tb_score，如图 8.19 所示。

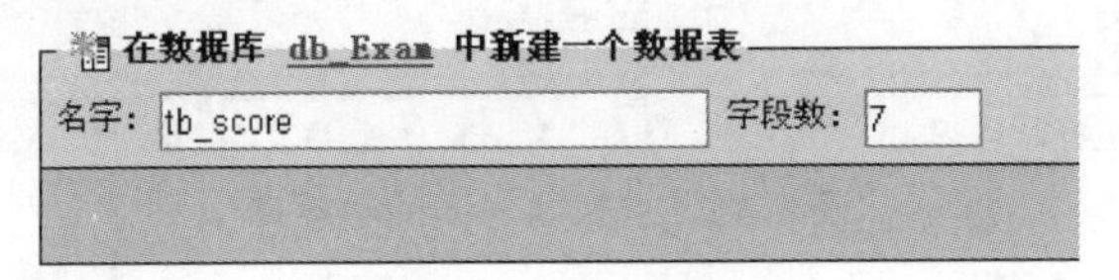

图 8.19　新建数据表

【步骤 4】添加表信息，如图 8.20 所示。

	字段	类型	整理	属性	空	默认	额外
☐	sno	varchar(15)	utf8_general_ci		否	无	
☐	sname	varchar(30)	utf8_general_ci		否	无	
☐	chinesescore	int(4)			否	无	
☐	englishscore	int(4)			否	无	
☐	mathscore	int(4)			否	无	
☐	physicsscore	int(4)			否	无	
☐	chemistryscore	int(4)			否	无	

全选 / 全不选 选中项：

图 8.20　添加表信息

8.4　平行项目训练

1. 训练内容

小李创建了 db_Exam 数据库，还需要创建一个数据表 tb_teacherInfo，记录教师的相关信息，表结构见表 8.5。

表 8.5　教师信息一览表

字段名称	数据类型	长度	是否允许为空	是否为主键	说明
tno	VARCHAR	15	否	是	学号
tname	VARCHAR	30	否		姓名

续表

字段名称	数据类型	长度	是否允许为空	是否为主键	说明
tpassword	VARCHAR	15	否		密码
tdepartment	INT	4	否		语文成绩

2. 训练目的

（1）进一步训练和巩固学生对 phpMyAdmin 的理解；

（2）使学生对创建数据库、数据表和管理数据库有比较深刻的印象和认识。

3. 训练过程

【步骤 1】左侧选中 db_Exam，在右侧输入数据表名“tb_teacherInfo”，并输入字段数“4”，如图 8.21 所示，在单击“执行”按钮。

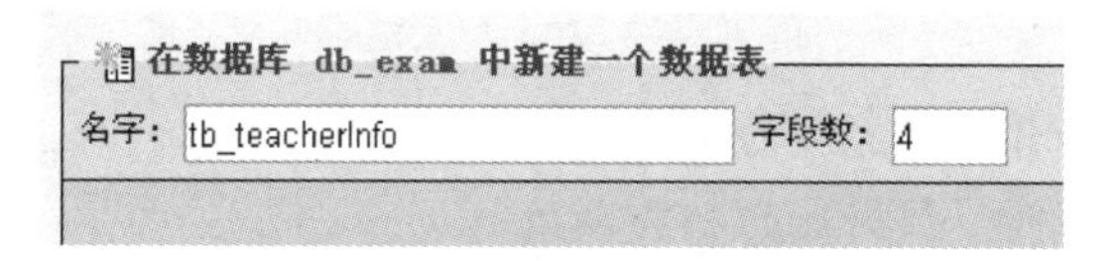

图 8.21　新建数据表 tb_ teacherInfo

【步骤 2】添加表信息，如图 8.22 所示。

	字段	类型	整理	属性	空	默认	额外
☐	tno	varchar(15)	utf8_general_ci		否	无	
☐	tname	varchar(30)	utf8_general_ci		否	无	
☐	tpassword	varchar(15)	utf8_general_ci		否	无	
☐	tdepartment	varchar(30)	utf8_general_ci		否	无	

全选 / 全不选 选中项:

图 8.22　添加表信息

8.5　总结

本单元通过简单项目示例，介绍了 phpMyAdmin 的发展历史及操作管理 phpMyAdmin 的方法，并详细介绍了创建数据库及创建数据表的步骤，通过贯穿项目“学生成绩管理系统”和平行项目“教师信息表”系统地学习了数据库及数据表的创建，以及数据表的管理、数据库的导入/导出等操作，使学生基本掌握 phpMyAdmin 的操作。

8.6　习题

1. 在 MySQL 中如何新建数据库、数据表？
2. 在 MySQL 中如何实现导入/导出功能？

PHP 与 MySQL 的编程

本章要点

· PHP 操作 MySQL 数据库的步骤
· PHP 操作 MySQL 数据库的相关函数
· PHP 管理 MySQL 数据库中数据的方法

技能目标

· 能熟练运用 MySQL 数据库图形管理工具
· 能熟练掌握 PHP 操作 MySQL 数据库的方法

9.1　项目导入

【项目场景】

开发一个学生成绩查询系统，界面如图 9.1 所示。如果科目为空，则查询该学号下所有的成绩记录；如果不为空，则查询该学生该科目下的成绩记录。如果没有记录，则显示“没有符合条件的记录”。

学生成绩查询系统
学号：　　　　　科目：　　　　　查询

图 9.1　项目运行效果

【问题引导】

（1）PHP 如何连接 MySQL？
（2）PHP 如何操作 MySQL？
（3）如何实现数据的增删查改？

9.2　技术与知识准备

PHP 所支持的数据库类型较多，在这些数据库中，MySQL 数据库与 PHP 结合最好。PHP 提供了多种操作 MySQL 数据库的方式，从而适合不同需求和不同类型项目的需要。

9.2.1　连接 MySQL

mysql_connect( ) 函数：PHP 与 MySQL 是黄金搭档，学习 PHP 必须学会连接 MySQL 服务器。连接数据库就是 PHP 客户端向服务器端的数据库发出连接请求，连接成功后就可以进行其他的数据库操作。如果使用不同的用户连接，会有不同的操作权限。在 PHP 中，可以使用 mysql_connect( ) 函数来连接 MySQL 服务器，该函数的格式如下：

```
mysql_connect(string server,string username,string password)
```

server 表示 MySQL 服务器。

username 表示用户名。

password 表示密码。

mysql_select_db( ) 函数：用来选择 MySQL 服务器中的数据库，如果成功，则返回 True，如果失败，则返回 False。

一般新建公共文件 conn. php，用于实现与数据库的连接，代码如下所示：

```
<?php
$conn=mysql_connect("localhost","root","");  //连接数据库服务器
mysql_select_db("db_library");  //选择数据库
mysql_query("set names utf8");
?>
```

9.2.2　执行 SQL 语句的函数

mysql_query( ) 函数：用来执行对数据库操作的 SQL 语句。

例如：

```
$result=mysql_query("select * from db_news");//返回的是结果集
$result=mysql_query("delete from db_news where id="2");
//返回的是 true 或 false
```

9.2.3 显示查询结果

在实际应用中，只创建了查询是不够用的，还需要将其显示出来。可以使用 mysql_fetch_
row( )函数来实现该功能，其函数形式如下：

```
array mysql_fetch_row($result);
```

返回根据所取得的行生成的数组，如果没有更多行则返回 False。

9.2.4 将结果集返回到数组中的函数

mysql_fetch_array( )函数：使用 mysql_query( )函数执行 select 语句时，可返回查询结果集。返回结果集后，使用 mysql_fetch_array( )函数可以获取结果集信息，并放入一个数组中。

例如：

```
while($arr =mysql_fetch_array($result))
```

【示例】新建新闻管理页面，实现新闻的增删改查。

（1）新建公共文件 conn. php，保存在 chapter09 文件夹中。

```
<?php
$conn =mysql_connect("localhost","root","");        //连接数据库服务器
mysql_select_db("db_news");                         //选择数据库
mysql_query("set names utf8");
?>
```

（2）新建 newlist. php 页面，实现图书的浏览功能，运行效果如图 9.2 所示。

```
<?php
include"conn.php";
$result =mysql_query("select * from tb_news",$conn);
echo"<table align ='center'border ='1'";
echo"<tr><td colspan ='6' align ='center'>新闻一览表<a href ='newadd.php'>添加新闻</a></td></tr>";
echo"<tr><td>标题</td><td>内容</td><td>更新时间</td><td>发布部门</td><td>编辑</td><td>删除</td></tr>";
while($arr =mysql_fetch_array($result))
{echo
```

```
"<tr><td>$arr[ntitle]</td><td>$arr[ncontent]</td>
<td>$arr[ntime]</td><td>$arr[ndepartment]</td>";
    echo"<td><a href='newedit.php? id=$arr[nid]'>编辑</a>
</td>";
    echo"<td><a href='newdelete.php? id=$arr[nid]'>删除</a>
</td>";
    echo"</tr>";}
    echo"</table>";
    ?>
```

新闻一览表 添加新闻					
标题	内容	更新时间	发布部门	编辑	删除
期末考试通知	2016-2017学年第一学期期末考试定于1月7日举行。	2016-12-10	教务处	编辑	删除
1	2	2017-02-16	3	编辑	删除

图 9.2　新闻一览表

（3）新建新闻添加页面 newadd.php，效果如图 9.3 所示。

```
    <form method="post"action="newadd_ork.php">
        <table border="1"align='center'>
            <tr>
    <td colspan="2"align='center'>增加新闻</td>
    </tr>
            <tr>
    <td>标题</td>
    <td><input type="text"name="title"></td>
    </tr>
            <tr>
    <td>内容</td>
    <td><textarea name="content"cols=""rows="5"></textarea>
</td>
    </tr>
            <tr>
    <td>发布部门</td>
    <td><input type="text"name="department"></td>
    </tr>
            <tr>
    <td colspan="2"align='center'>
```

```
            <input type="submit"name="submit"value="增加">
</td>
    </tr>
        </table>
    </form>
```

增加新闻	
标题	
内容	
发布部门	
增加	

图 9.3　增加新闻页面

（4）新建 newadd_ork. php 页面，实现增加功能，效果如图 9.4 所示。

```
    <?php
    include 'conn.php';
    if(isset($_POST['submit'])&& $_POST['submit']=='增加'){
        $title=$_POST['title'];
        $content=$_POST['content'];
        $department=$_POST['department'];
        $time=date('y-m-d');
        $insert1=mysql_query("insert into tb_news(ntitle,
ncontent,ndepartment,ntime)values('$title','$content','$depart-
ment','$time')");
        if($insert1){

  echo"<script>alert('增加成功!');window.location.href='newlist.
php'</script>";
        }else{
            echo"<script>alert('增加失败!');window.location.
href='newlist.php'</script>";
        }
    }
    ?>
```

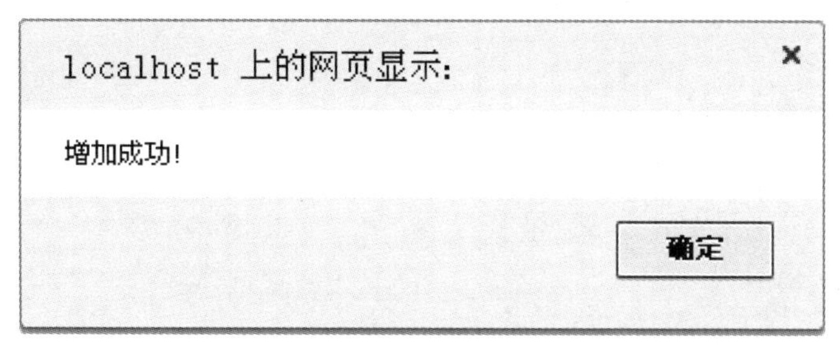

图 9.4　增加新闻成功

（5）新建 newdelete. php 页面，实现删除功能，运行效果如图 9. 5 所示。

```
<?php
include 'conn.php';
if(isset($_GET['id'])){
    $delete = mysql_query("delete from tb_news where nid =
$_GET[id]");
    if($delete){
        echo"<script>alert('删除成功!');window.location.
href = 'newlist.php'</script>";
    }else{
        echo"<script>alert('删除失败!');window.location.
href ='newlist.php'</script>";
    }
}
?>
```

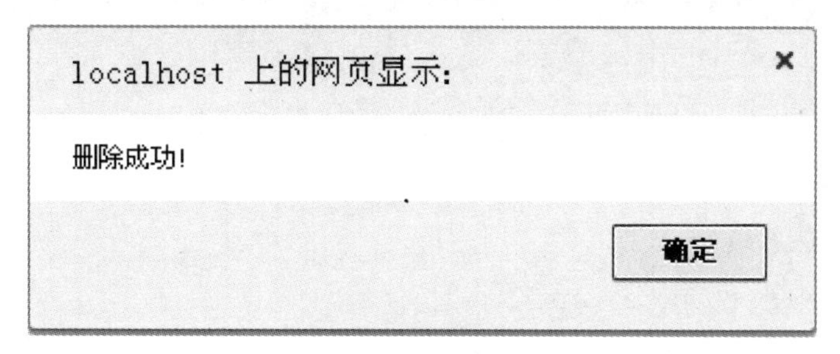

图 9.5　删除成功

（6）新建页面 newedit. php，用于实现更新，运行效果如图 9. 6 所示。

```
<?php
include'conn.php';
$arr = mysql_query("select * from tb_news where nid =$_GET
[id]",$conn);
$select =mysql_fetch_array($arr);
?>
<!--数据修改表单-->
<form method ="post"action ="update_ork.php">
    <table border ="1"align ="center">
        <tr>
<td colspan ="2"align ="center">新闻信息修改</td>
</tr>
        <tr>
<td align ="center">标题</td>
<td><input type ="text"name ="ntitle"value =" <?php echo
$select['ntitle']; ?>"></td>
</tr>
        <tr>
<td align ="center">内容</td>
<td><textarea name ="ncontent"cols =""rows ="5"><?php
echo $select['ncontent']; ?></textarea></td>
</tr>
        <tr>
<td align ="center">发布部门</td>
<td><input type ="text"name ="ndepartment"value =" <?php
echo $select['ndepartment']; ?>"></td>
</tr>
        <tr>
<td colspan ="2"align ="center"><input type ="hidden"
name ="nid"value =" <?php echo $select['nid']; ?>"><input
type ="submit"name ="submit"value ="修改"></td>
</tr>
    </table>
</form>
```

图 9.6　修改新闻页面

（7）新建页面 update_ork. php，用于更新数据，如图 9.7 所示。

```
<?php
include 'conn.php';
if(isset($_POST['nid'])&& isset($_POST['submit'])&& $_POST['sub-
mit'] == '修改'){
    $title =$_POST['ntitle'];
    $content =$_POST['ncontent'];
    $department =$_POST['ndepartment'];
    $time =date('y-m-d');
    $update =mysql_query("update tb_news set ntitle = '$title',
ncontent ='$content',ndepartment = '$department',"."ntime ='$time'
where nid =$_POST[nid]");
    if($update){
        echo"<script>alert('修改成功!');window.location.
href ='newlist.php'</script>";
    }else{
        echo"<script>alert('修改失败!');window.location.
href ='newlist.php'</script>";
    }
}
?>
```

图 9.7 修改成功

9.3 项目训练

通过对以上内容的学习，了解了 PHP 操作 MySQL 数据库的方法，现在回到项目导入的任务中来。

【步骤 1】新建数据库 gradeDB，新建数据表 grade，表结构见表 9.1。

表 9.1 grade 表

字段名称	数据类型	长度	是否允许为空	是否为主键	说明
id	INT		否	为主键	编号
sid	INT		否		学号
subject	VARCHAR	50	否		科目
score	FLOAT		否		成绩

【步骤 2】创建公共文件 conn. php，用于连接数据库。

```
<?php
$conn = mysql_connect("localhost","root","");     //连接数据库服务器
mysql_select_db("gradeDB");                        //选择数据库
mysql_query("set names utf8");
?>
```

【步骤 3】新建页面 index. php，界面如图 9.1 所示。

```
<form name = "form1" id = "form1" action = "scorlist.php" method = "post"onsubmit = "return checkNull()" ><table>
<caption>学生成绩查询系统</caption>
```

```
    <tr><td>学号:</td><td><input name="sno"id="sno"type="
text"></td><td>科目:</td><td><input name="subject"type="
text"></td><td><input name="提交"type="submit"value="查询">
</td></tr>
    </table>
    </form>
```

【步骤4】新建页面scorlist.php，用于实现更新，代码如下所示。

```
    <table width="584"height="159"border="0"align="cen-
ter">
      <tr>
        <td colspan="3"align="center"bgcolor="#999999">
<span class="STYLE3">学生成绩单</span></td>
      </tr>
      <tr><td colspan="3"align="center"><a href="index.php"
style="text-decoration:none">重新查询</a></td></tr>
    <?php
    include"conn.php";
    $sub=$_POST["subject"];
    $sno=$_POST["sno"];
    if($sub=="")
    $result=mysql_query("select sid,subject,score from grade
where sid='$sno'");
    else
    $result=mysql_query("select sid,subject,score from grade
where sid='$sno'and subject='$sub'");
    if(mysql_num_rows($result)!=0)
    {?>
      <tr>
        <td width="51"align="center">学号</td>
        <td width="87"align="center">科目</td>
        <td width="82"align="center">成绩</td>
      </tr>
        <?php
    while($arr=mysql_fetch_array($result))
```

```
    }
    ?>

      <tr>
        <td align="center"><?php echo $arr[0]; ?></td>
        <td align="center"><?php echo $arr[1]; ?></td>
        <td align="center"><?php echo $arr[2]; ?></td>
      </tr>
     <?php}}
      else
      {
      ?>
      <tr><td colspan="3"align="center">没有符合条件的记录</td>
</tr>
      <?php
      }
      ?>
       </table>
```

【步骤5】运行结果如图9.8和图9.9所示。

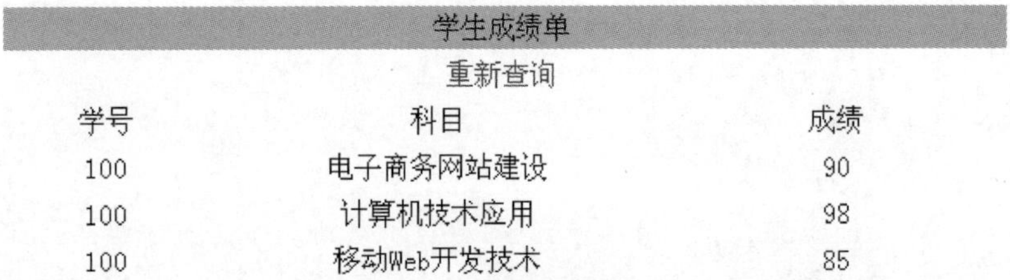

学生成绩单

重新查询

学号	科目	成绩
100	电子商务网站建设	90
100	计算机技术应用	98
100	移动Web开发技术	85

图9.8 查询结果1

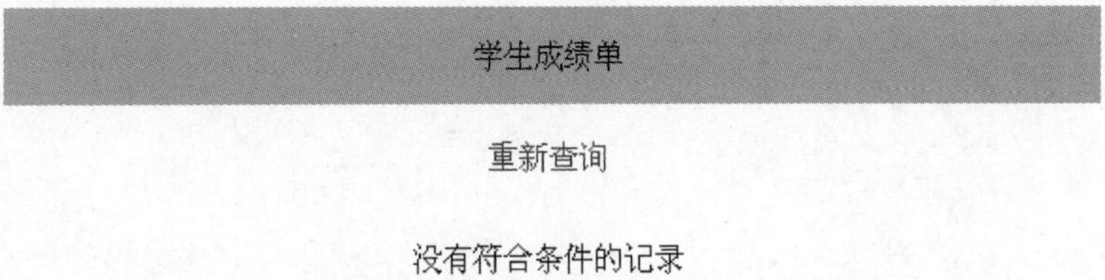

学生成绩单

重新查询

没有符合条件的记录

图9.9 查询结果2

9.4　平行项目训练

1. 训练内容

开发一个用户注册页面，能够实现用户的注册功能。

2. 训练目的

（1）进一步训练和巩固学生使用 PHP 对 MySQL 数据库的操作；

（2）使学生能熟练掌握使用 PHP 对 MySQL 数据库的增删改查操作。

3. 训练过程

【步骤 1】新建页面 register. php，界面如图 9. 10 所示。

注册	
教工号	
姓名	
密码	
部门	
注册	

图 9. 10　注册页面

```
    <form action = "register_ork.php"method = "post" ><table
width = "400"border = "1" >
    <caption >注册 </caption >
      <tr >
        <td >教工号 </td >
        <td ><input type = "text"name = "tno"id = "textfield" ></td >
      </tr >
      <tr >
        <td >姓名 </td >
        <td ><input type = "text"name = "tname"id = "textfield2" >
</td >
      </tr >
      <tr >
        <td >密码 </td >
        <td ><input type = "text"name = "tpassword"id = "textfield3" >
</td >
```

```
        </tr>
        <tr>
          <td>部门</td>
          <td><input type="text"name="tdepartment"id="text-
field4">
 </td>
        </tr>
        <tr>
          <td colspan="2"align="center"><input type="submit"
name="button"id="button"value="注册"></td>
          </tr>
      </table>
      </form>
```

【步骤2】新建页面 register_ork.php，用于实现注册功能，运行效果如图 9.11 所示。

```
    <?php
    $conn=mysql_connect("localhost","root","");  //连接数据库
服务器
    mysql_select_db("db_Exam");                              //选择数据库
    mysql_query("set names utf8");
      $tno=$_POST['tno'];
          $tpassword=$_POST['tpassword'];
          $tname=$_POST['tname'];
          $tdepartment=$_POST['tdepartment'];
           $result=mysql_query("insert into tb_teacherInfo
(tno,tname,tpassword,tdepartment)values('$tno','$tname','$
tpassword','$tdepartment')");
          if($result){
              echo"<script>alert('注册成功!');</script>";
          }else{
              echo"<script>alert('注册失败!');</script>";
          }
    ?>
```

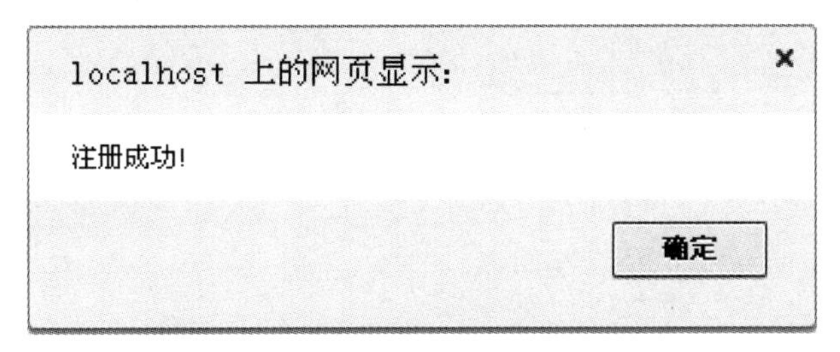

图 9.11　注册成功

9.5　总结

本单元通过介绍使用 PHP 操作 MySQL 数据库，学习了数据库表页面的操作，通过贯穿项目“学生成绩查询系统”和平行项目“用户注册页面”系统地学习了如何运用页面实现数据的增删改查，加深了学生对数据库操作的理解。

9.6　习题

1. PHP 操作数据库 MySQL 有哪些函数?
2. 新建一个登录系统，实现用户的登录功能（界面自行设计）。

第10章

综合项目实训

10.1　综合项目实训说明

该部分内容可以根据课程学时或学生的实际情况，有选择地开展。

10.1.1　实训目的

综合项目实训是完成课程教学计划的重要一环，有较强的实践性和综合性，可以帮助学生进一步理解课堂教学内容，培养学生的应用实践能力，为学生进一步学习更高阶段的课程打下基础。

综合项目实训是电子商务网站建设的配套训练，在课程教学最后阶段实施，实训目的是：

（1）进一步巩固和加深学生对PHP基本知识、类的理解和掌握，培养学生综合运用PHP语言知识和技术分析解决实际问题的能力。

（2）通过一个小型的信息管理系统，使学生了解项目开发过程，培养学生创造性思维，提高项目设计、编码与调试能力。

（3）通过项目实训，使学生能够按照软件工程的基本方法开发小型的信息管理系统。

10.1.2　实训对象

面向电子商务专业大二学生开设“电子商务网站建设”课程，学生在掌握了一定的网页设计布局基础上，学习PHP相关知识。

10.1.3　实训项目

选择“物资后台管理系统”作为综合实训项目。

10.2　新闻发布系统

10.2.1　系统功能模块

只有登录后，才能进入物资管理系统的后台。在后台，可以实现物资的增删改查功能，还能实现批量删除功能。

10.2.2　数据库设计

数据库是信息管理系统的后台数据管理中心，一个信息管理系统的功能是否健全，关键在于对数据库的设计，只有对数据库进行合理的设计，才能开发出完善而有效的管理系统。

物资后台管理系统的数据库 materialsmanage 中应该包括以下两张表格：①物资表（materials 表）；②管理员表（adusers 表），表结构见表 10.1 和表 10.2。

表 10.1　物资表

表名	materials		中文表名称	物资表		
主键	id					
序号	字段名称	字段说明	类型	长度	属性	备注
1	id	物资编号	int		自增	主键
2	name	物资名称	varchar	20	非空	
3	spec	物资规格	varchar	20	非空	
4	number	物资数量	int		非空	
5	price	物资单价	int		非空	
6	producer	生产厂商	varchar	50	非空	

表 10.2　管理员表

表名	adusers		中文表名称	管理员表		
主键	name					
序号	字段名称	字段说明	类型	长度	属性	备注
1	name	用户名	varchar	20	非空	主键
2	pwd	密码	varchar	20	非空	

10.2.3 系统详细设计与实现

1. 登录模块

（1）新建公共文件 conn. php。

```
<?php
$conn=mysql_connect("localhost","root",""); //连接数据库服务器
mysql_select_db("materialsmanage"); //选择数据库
mysql_query("set names utf8");
?>
```

（2）新建 login. php 页面，进行页面布局，如图 10. 1 所示。

```
<form action="dologin.php"method="post">
<table width="400"border="1"align="center">
<caption>欢迎进入物资管理系统后台</caption>
<tr>
<td align="center">用户名:</td>
<td align="center"><input type="text"name="uname"/></td>
</tr>
<tr>
<td align="center">密  码:</td>
<td align="center"><input type="password"name="pwd"/></td>
</tr>
<tr>
<td align="center"><input type="submit"value="登录"/></td>
<td align="center"><input type="reset"value="重置"/></td>
</tr>
</table>
</form>
```

欢迎进入物资管理系统后台

用户名:	
密　码:	
登录	重置

图 10.1 登录页面

（3）新建 dologin. php，用来对用户名和密码进行判断，如图 10.2 所示。

```
<?php
include"conn.php";
session_start();
$name =$_POST["uname"];
$pwd =$_POST["pwd"];
$result =mysql_query("select * from adusers where name ='$
name'and pwd ='$pwd'");
$total =mysql_num_rows($result);
if($total!=0)
{$_SESSION["un"] =$name;
$_SESSION["m"] =$pwd;
        echo"<script>alert('用户名密码正确!');window.location.
href ='index.php'</script>";
    }else{
        echo"<script>alert('用户名密码错误!');window.location.
href ='login.php'</script>";
    }
?>
```

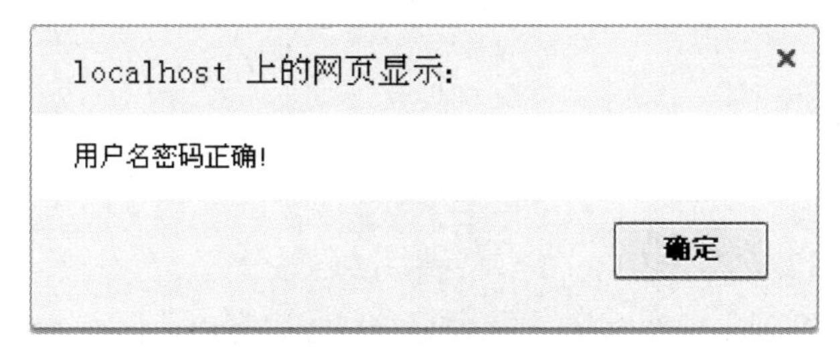

图 10.2 登录成功

2. 物资增删改查模块的设计

（1）新建 index. php 页面，运行结果如图 10.3 所示。

```
<form action="delete_lot.php"method="post">
<table width="700"height="159"border="0"align="cen-
ter">
  <tr>
    <td colspan="9"align="center"bgcolor="#999999"><
span class="STYLE3">物资列表</span></td>
  </tr>
  <tr>
    <td colspan="9"align="center"><a href="addwz.php">
添加物资</a></td></tr>
  <tr>
    <td width="51"align="center">编号</td>
    <td width="87"align="center">物资名称</td>
    <td width="82"align="center">物资规格</td>
    <td width="76"align="center">物资数量</td>
    <td width="80"align="center">物资单价</td>
    <td width="86"align="center">生产厂商</td>
    <td width="90"align="center">更新</td>
    <td width="90"align="center">删除</td>
      <td width="90"align="center">批量删除</td>
  </tr>
<?php
include"conn.php";
$result=mysql_query("select * from materials");
while($arr=mysql_fetch_array($result))
{
?>
  <tr>
    <td align="center"><?php echo $arr[0]; ?></td>
    <td align="center"><?php echo $arr[1]; ?></td>
    <td align="center"><?php echo $arr[2]; ?></td>
    <td align="center"><?php echo $arr[3]; ?></td>
    <td align="center"><?php echo $arr[4]; ?></td>
    <td align="center"><?php echo $arr[5]; ?></td>
```

```
            <td align="center"><a href="update.php?id=<?php echo $arr[0]?>">更新</a></td>
            <td align="center"><a href="delete.php?id=<?php echo $arr[0]?>">删除</a></td>
            <td><input name="delete[]"type="checkbox"value=<?php echo $arr[0]?>></td>
        </tr>
        <?php} ?>
        <tr>
        <td colspan="9"align="right"><input name="提交"type="submit"value="批量删除"></td></tr>
    </table>
    </form>
```

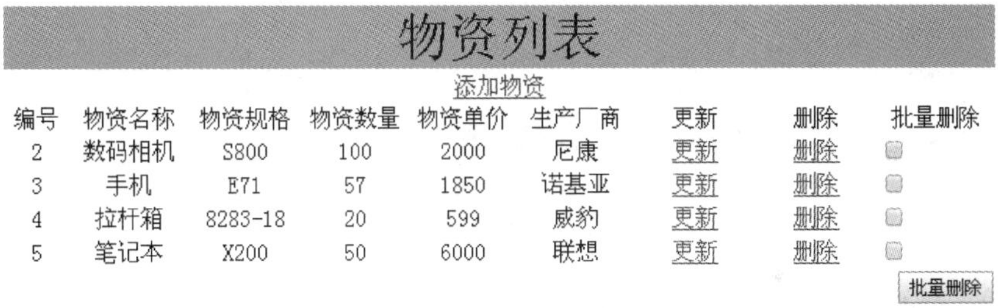

物资列表

添加物资

编号	物资名称	物资规格	物资数量	物资单价	生产厂商	更新	删除	批量删除
2	数码相机	S800	100	2000	尼康	更新	删除	
3	手机	E71	57	1850	诺基亚	更新	删除	
4	拉杆箱	8283-18	20	599	威豹	更新	删除	
5	笔记本	X200	50	6000	联想	更新	删除	

批量删除

图 10.3　index. php

（2）新建添加物资页面 addwz. php，如图 10.4 所示。

```
    <form id="form1"name="form1"method="post"action="addwz_ork.php">
    <table width="336"height="220"border="1"align="center">
        <tr>
            <td colspan="2"align="center"bgcolor="#999999"><span class="STYLE2">添加物资信息</span></td>
        </tr>
        <tr>
            <td width="98"align="center">物资名称：</td>
            <td width="222">
                <input type="text"name="txtname"id="txtname">
```

```
        </td>
      </tr>
      <tr>
        <td align = "center" >物资规格:</td>
        <td>
              <input type = "text"name = "txtspec"id = "txtspec" >
        </td>
      </tr>
      <tr>
        <td align = "center" >物资数量:</td>
        <td>
              <input type = "text"name = "txtnumber"id = "txtnum-
ber" >
        </td>
      </tr>
      <tr>
        <td align = "center" >物资单价:</td>
        <td>
            <input type = "text"name = "txtprice"id = "txtprice" >
        </td>
      </tr>
      <tr>
        <td align = "center" >生产厂商:</td>
        <td>
              <input type = "text"name = "txtproducer"id = "txtpro-
ducer" >
        </td>
      </tr>
      <tr>
        <td colspan = "2"align = "center" >
            <input type = "submit"name = "submit"id = "submit"value = "
添加"/>
            <input type = "reset"name = "reset"id = "reset"value = "
重置"/>
        </td>
```

```
    </tr>
  </table>
  </form>
```

添加物资信息	
物资名称：	
物资规格：	
物资数量：	
物资单价：	
生产厂商：	
添加　重置	

图10.4　添加物资

（3）新建 addwz_ork. php，实现添加功能，如图10.5所示。

```
  <?php
  include"conn.php";
    $num=$_POST['txtnumber'];
    $pirce=$_POST['txtprice'];
    $name=$_POST['txtname'];
    $gz=$_POST['txtspec'];
    $sccs=$_POST['txtproducer'];
    $result=mysql_query("insert into materials(name,spec,
number,price,producer)values('$name','$gz','$num','$pirce','$
sccs')");
        if($result){
            echo"<script>alert('增加成功!');window.location.
href='index.php'</script>";
        }else{
            echo"<script>alert('增加失败!');window.location.
href='index.php?'</script>";
        }
  ?>
```

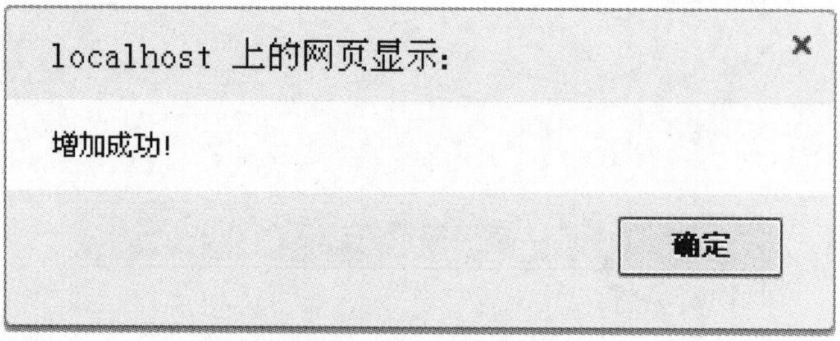

localhost 上的网页显示:
增加成功!
确定

图 10.5　添加物资成功

（4）新建 delete. php，实现删除功能，如图 10.6 所示。

```
<?php
include'conn.php';
if(isset($_GET['id'])){
    $delete = mysql_query("delete from materials where id =
$_GET[id]");
    if($delete){
            echo"<script>alert('删除成功!');window.location.
href ='index.php'</script>";
    }else{
            echo"<script>alert('删除失败!');window.location.
href ='index.php'</script>";
    }
}
?>
```

localhost 上的网页显示:
删除成功!
确定

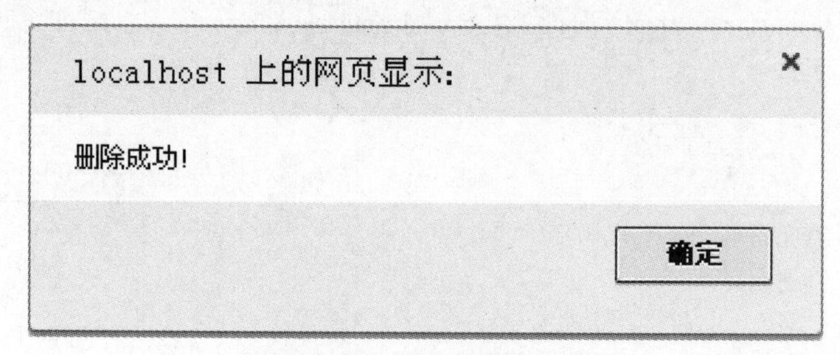

图 10.6　删除物资成功

（5）新建 update. php，实现物资信息的编辑功能，如图 10.7 所示。

```
<?php
include"conn.php";
$id=$_GET["id"];
$result=mysql_query("select name,spec,number,price,pro-
ducer from materials where id='$id'");
list($a,$b,$c,$d,$e)=mysql_fetch_array($result);
?>
<form id="form1"name="form1"method="post"action="doup-
date.php? id=<?php echo $id ?>">
<table width="336"height="220"border="1"align="cen-
ter">
  <tr>
    <td colspan="2"align="center"bgcolor="#999999">
<span class="STYLE2">更新物资信息</span></td>
  </tr>
  <tr>
    <td width="98"align="center">物资名称:</td>
    <td width="222">
        <input type="text"name="txtname"id="txtname"
value="<?php echo $a ?>">
    </td>
  </tr>
  <tr>
    <td align="center">物资规格:</td>
    <td>
        <input type="text"name="txtspec"id="txtspec"
value="<?php echo $b ?>">
    </td>
  </tr>
  <tr>
    <td align="center">物资数量:</td>
    <td>
        <input type="text"name="txtnumber"id="txtnum-
ber"value="<?php echo $c ?>"/>
    </td>
```

```
        </tr >
        <tr >
          <td align = "center" > 物资单价: </td >
          <td >
              < input type = "text "name = "txtprice "id = "txtprice"
value = " < ?php echo $d ? > "/>
          </td >
        </tr >
        <tr >
          <td align = "center" > 生产厂商: </td >
          <td >
              < input type = "text "name = "txtproducer "id = "txtpro-
ducer"value = " < ?php echo $e? > " >
          </td >
        </tr >
        <tr >
          <td colspan = "2 "align = "center" >
            < input type = "submit "name = "submit "id = "submit "val-
ue = "提交" />
            < input type = "reset "name = "reset "id = "reset "value = "
重置" />
          </td >
        </tr >
      </table >
    </form >
```

更新物资信息	
物资名称:	手机
物资规格:	E71
物资数量:	57
物资单价:	1850
生产厂商:	诺基亚
提交 重置	

图 10.7 更新页面

（6）新建 doupdate. php，实现更新功能，如图 10.8 所示。

```
<?php
include"conn.php";
  $num =$_POST['txtnumber'];
  $pirce =$_POST['txtprice'];
  $name =$_POST['txtname'];
$gz =$_POST['txtspec'];
$sccs =$_POST['txtproducer'];
$id =$_GET['id'];
$update = mysql_query("update materials set name ='$name',
spec ='$gz',number ='$num',price ='$pirce',producer ='$sccs'
where id =$id");
       if($update){
               echo"<script>alert('修改成功!');window. loca-
tion.href ='index.php'</script>";
       }else{
               echo"<script>alert('修改失败!');window. loca-
tion.href ='index.php?'</script>";
       }
?>
```

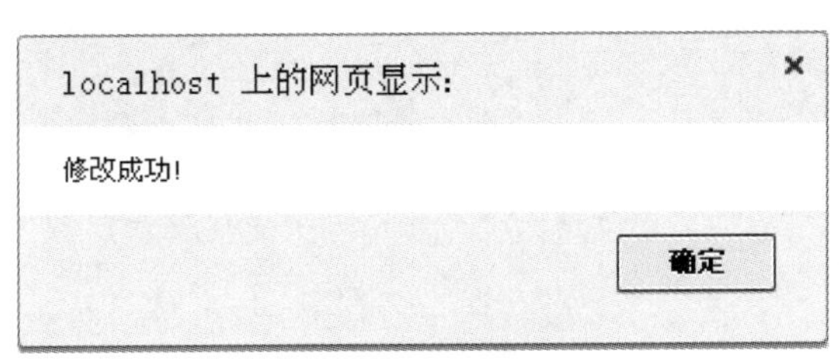

图 10.8　更新成功

（7）新建 delete_lot. php 页面，实现批量删除功能。

```
<?php
include"conn.php";
$id = implode(",",$_POST["delete"]);
$delete =mysql_query("delete from materials where id in(".
$id.")");
 if($delete){
```

```
            echo"<script>alert('删除成功!');window.location.
href='index.php'</script>";
        }else{
            echo"<script>alert('删除失败!');window.location.
href='index.php'</script>";
        }
    ?>
```

参考文献

[1] 刘万辉，等 . PHP 动态网站开发实例教程 [M]. 北京：高等教育出版社，2014.
[2] 朱珍，等 . PHP 网站开发技术 [M]. 北京：电子工业出版社，2014.
[3] 黄慧芳，等 . PHP + MySQL 项目开发权威指南 [M]. 北京：中国铁道出版社，2013.
[4] 王甲临 . PHP 程序设计经典 300 例 [M]. 北京：电子工业出版社，2013.